U0150787

应用型本科规划教材

电气工程及其自动化

FUNDAMENTALS OF ELECTROMAGNETIC COMPATIBILITY TECHNOLOGY

电磁兼容技术
基础教程

饶俊峰 李 孜 姜 松

·编著·

上海科学技术出版社

国家一级出版社
全国百佳图书出版单位

内 容 提 要

本书系上海市应用型本科专业建设立项规划教材,可作为电磁兼容原理课程的配套教材。

本书主要介绍电磁干扰的成因和实现电磁兼容的原理及测试方法。全书共分 8 章,内容涵盖电磁兼容技术的基本原理、发展历史背景及相应国际标准与规范,电磁干扰的形成原因与耦合途径,常用抗干扰元器件的特性,电磁兼容的测试原理、接地技术、屏蔽技术和滤波技术,以及这些电磁兼容技术在电路与系统和高压脉冲电源设计中的应用。读者通过阅读本书,可加深对电磁兼容技术理论知识的理解,并在一定程度上提高电路设计的综合能力。

本书读者对象为高等院校电气工程及其自动化专业本科生以及电气与电子相关专业的研究生,也可供相关专业工程技术人员及爱好者参考。

图书在版编目(CIP)数据

电磁兼容技术基础教程 / 饶俊峰,李孜,姜松编著
. -- 上海 : 上海科学技术出版社,2021.6
应用型本科规划教材. 电气工程及其自动化
ISBN 978-7-5478-5328-3

Ⅰ. ①电… Ⅱ. ①饶… ②李… ③姜… Ⅲ. ①电磁兼容性－高等学校－教材 Ⅳ. ①TN03

中国版本图书馆CIP数据核字(2021)第088673号

电磁兼容技术基础教程
饶俊峰 李 孜 姜 松 编著

上海世纪出版(集团)有限公司
上海科学技术出版社 出版、发行
(上海钦州南路 71 号 邮政编码 200235 www.sstp.cn)
常熟市华顺印刷有限公司印刷
开本 787×1092 1/16 印张 8
字数:205 千字
2021 年 6 月第 1 版 2021 年 6 月第 1 次印刷
ISBN 978-7-5478-5328-3/TM·71
定价:38.00 元

本书如有缺页、错装或坏损等严重质量问题,
请向工厂联系调换

丛书前言

———————

20世纪80年代以后,国际高等教育界逐渐形成了一股新的潮流,那就是普遍重视实践教学、强化应用型人才培养。我国《国家教育事业"十三五"规划》指出,普通本科高校应从治理结构、专业体系、课程内容、教学方式、师资结构等方面进行全方位、系统性的改革,把办学思路真正转到服务地方经济社会发展上来,建设产教融合、校企合作、产学研一体的实验实训实习设施,培养应用型和技术技能型人才。

近年来,国内诸多高校纷纷在教育教学改革的探索中注重实践环境的强化,因为大家已越来越清醒地认识到,实践教学是培养学生实践能力和创新能力的重要环节,也是提高学生社会职业素养和就业竞争力的重要途径。这种教育转变成具体教育形式即应用型本科教育。

根据《上海市教育委员会关于开展上海市属高校应用型本科试点专业建设的通知》(沪教委高〔2014〕43号)要求,为进一步引导上海市属本科高校主动适应国家和地方经济社会发展需求,加强应用型本科专业内涵建设,创新人才培养模式,提高人才培养质量,上海市教委进行了上海市属高校本科试点专业建设,上海理工大学"电气工程及其自动化"专业被列入试点专业建设名单。

在长期的教学和此次专业建设过程中,我们逐步认识到,目前我国大部分应用型本科教材多由研究型大学组织编写,理论深奥,编写水平很高,但不一定适用于应用型本科教育转型的高等院校。为适应我国对电气工程类应用型本科人才培养的需要,同时配合我国相关高校从研究型大学向应用型大学转型的进程,并更好地体现上海市应用型本科专业建设立项规划成果,上海理工大学电气工程系集中优秀师资力量,组织编写出版了这套符合电气工程及其自动化专业培养目标和教学改革要求的新型专业系列教材。

本系列教材按照"专业设置与产业需求相对接、课程内容与职业标准相对接、教学过程与生产过程相对接"的原则,立足产学研发展的整体情况,并结合应用型本科建设需要,主要服务于本科生,同时兼顾研究生夯实学业基础。其涵盖专业基础课、专业核心课及专业综合训练课等内容;重点突出电气工程及其自动化专业的理论基础和实操技术;以纸质教材为主,同时注重运用多媒体途径教学;教材中适当穿插例题、习题,优化、丰富教学内容,使之更满足应用型本科院校电气工程及其自动化专业教学的需要。

希望这套基于创新、应用和数字交互内容特色的教材能够得到全国应用型本科院校认可,作为教学和参考用书,也期望广大师生和社会读者不吝指正。

丛书编委会

前　言

为了进一步引导高等院校电气工程及其自动化专业本科人才培养主动适应经济社会发展需求,结合应用型本科高等教育的建设要求,明确和凝练电气工程及其自动化专业的特色,上海市教委开展了应用型本科专业项目建设。该项目以现代工程教育的"成果导向教育"为指导,聚焦于加强应用型本科内涵建设,创新人才培养模式,提高人才培养质量,最终实现专业工程应用教育培养体系的构建。本书就是根据上海市应用型本科专业建设项目所通过的教材规划编写而成的。

本书是电气类专业的一门专业课程教材。教材首先从电磁干扰的危害引入电磁兼容的概念和相关国际组织与标准,接着系统分析了电磁干扰形成的原因和常用抗干扰器件的性能,然后重点介绍接地、屏蔽和滤波三种主要的电磁兼容技术,最后通过案例的形式介绍了电子电路和系统中以及高压脉冲电源中电磁兼容的设计技巧,由浅入深地引导学生思考,培养学生观察、分析和解决电磁兼容问题的能力,提高学生电路设计的综合能力。

本书是作者在多年讲授电磁兼容原理的基础上,汲取了上海理工大学高功率电子课题组全体老师的智慧和教学经验,并参照《高等院校工科基础课程教学基本要求》以及上海理工大学电气工程专业课电磁兼容原理教学大纲编写而成。本书主要面向电气工程、电子信息等相关专业的本科生和研究生,作为其入门教材,建议教学课时为 32~36 学时。

由于电磁兼容技术的专业性非常强,绝大多数硬件工程师实际中只需要用到最基础的一些电磁兼容技巧即可解决遇到的电磁干扰问题,结合应用型本科教育的定位,本书相比国内出版的同类教材,其定位在于电磁兼容技术的基础及其应用,因此书中删减了那些不常用、较难的知识点。加之作者均具有多年的脉冲功率技术研究背景,因此书中专门撰写了高压脉冲电源中的电磁兼容设计章节,便于学生对知识的融会贯通。

全书编写分工如下:姜松编写第 1 章、第 5 章和附录,饶俊峰编写第 2 章、第 3 章和第 8 章,李孜编写第 4 章、第 6 章和第 7 章。教材中所有内容都是在前人研究的基础上,结合作者在固态 Marx 发生器、固态直线变压器驱动器 LTD 和固态多电平发生器等高压脉冲电源的研发经历，以及多个半导体开关同步隔离驱动电路的抗干扰与绝缘技术经验，对各种文献资料进行总结、提炼后完成的。全书由饶俊峰统稿并负责出版联络。复旦大学刘克富教授、姚明晖博士对书稿进行了初审，并提出了宝贵的修改意见，在此谨致以衷心的感谢。

限于作者水平，书中难免存在不足和错误之处，恳请读者予以批评指正。

作者

目　录

第 1 章

绪　论

∧

本章内容 ————

　　本章首先介绍了电磁兼容和电磁环境的概念，还介绍了引起电磁干扰所具备的三要素以及在电磁兼容里主要解决的人为干扰源带来的危害；接着介绍了电磁兼容技术的发展历程和相关磁参量；最后介绍了电磁兼容学科的主要研究内容及相关的标准和规范。

本章特点 ————

　　本章从电磁兼容概念入手，介绍了电磁环境、电磁干扰及其危害，以及电磁兼容课程所要学习的主要内容。本章将为其他章节的学习奠定知识基础。

1.1 电磁兼容概述

1.1.1 电磁兼容概念

国家军用标准《电磁干扰和电磁兼容性术语》(GJB 72A—2002)中给出电磁兼容 (electromagnetic compatibility，EMC)的定义为："设备、分系统、系统中共同的电磁环境中能一起执行各自功能的共存状态。包括以下两个方面：设备、分系统、系统在预定的电磁环境中运行时，可按规定的安全裕度实现设计的工作性能，且不因电磁干扰而受损或产生不可接受的降级；设备、分系统、系统在预定的电磁环境中正常地工作且不会给环境(或其他设备)带来不可接受的电磁干扰。"国际电工委员会(International Electrotechnical Commission，IEC)标准对电磁兼容的定义为："系统或设备在所处的电磁环境中能正常工作，同时不会对其他系统和设备造成干扰。"上述电磁兼容定义包括两个方面的要求：一方面是指设备在正常运行过程中对所在环境产生的电磁干扰不能超过一定的限值；另一方面是指器具对所在环境中存在的电磁干扰具有一定程度的抗扰度，即电磁敏感性。

电磁兼容包括电磁干扰(electromagnetic interference，EMI)和电磁抗扰度(electromagnetic sensibility，EMS)两部分：电磁干扰为设备本身在执行应有功能的过程中所产生不利于其他系统的电磁噪声；电磁抗扰度为设备在执行应有功能的过程中抵抗周围电磁环境中电磁干扰的能力。

各种电气或电子设备在电磁环境复杂的共同空间中，以规定的安全系数满足设计要求的正常工作能力，也称电磁兼容性。它的含义包括：①电子系统或设备之间在电磁环境中的相互兼顾；②电子系统或设备在自然界电磁环境中能按照设计要求正常工作。若再扩展到电磁场对生态环境的影响，则又可把电磁兼容学科内容称为环境电磁学。

1.1.1.1 电磁环境

电磁波无时无刻不在影响着人们的生产及生活。电磁能的广泛应用，使工业技术的发展日新月异，电磁能在为人类创造巨大财富的同时，也带来一定的危害。无线通信技术、电力电子技术和计算机技术等的高速发展及应用，导致电磁环境日趋复杂。

电磁环境是指特定区域内各种电磁信号特性与信号密度的总和。其中，信号特性包括频率特性、脉冲串特性、天线扫描特性、极化特性和功率电平特性等；信号密度主要是指辐射源的数目或在接收动态范围之内电子系统可以接收到的每秒脉冲数。由此可见，电磁环境是由各种电磁波构成的环境，具有空间、时间和频谱三个要素。电磁环境由人为电磁环境和自然电磁环境构成：人为电磁环境主要是指由人类使用的各种电气或电子设施的电磁辐射所构成的电磁环境；自然电磁环境主要是指由大气噪声、宇宙噪声、地理因素等组成的电磁环境。

目前，随着电磁兼容学科领域范围日益扩大，电磁环境涉及的频谱范围带宽达 $0 \sim 400\,\mathrm{GHz}$。电磁环境的基本决定因素包括：①电子设备的数量；②电子设备的使用方案；③电子设备的复杂性及辐射信号的特性；④对电子设备的依赖程度；⑤分析、掌握电磁环境的能力和需求等。电磁环境的主要影响因素包括：①电磁信号的密度、强度越来越大；②电子设备日益密集、种类增多，电磁信号的功率与频谱阈值增大；③电子设备杂散辐射多；④无意干扰多，电磁环境变得恶劣；⑤有意干扰强等。

1.1.1.2 电磁干扰及其危害

1) 电磁干扰

随着现代科学技术的不断发展,电气和电子设备的数量及种类不断增加。这些设备与供电电源、负载、周围的其他电气电子设备以及操作的个人,共同形成特定的工作环境。电气、电子设备在正常运行的同时也向外辐射电磁能量,可能会对其他用电设备、人或生物产生不良的影响,甚至造成严重的危害,这种现象称为电磁骚扰。电磁骚扰引起的设备、传输通道或系统性能的下降,称为电磁干扰。由于电磁骚扰和电磁干扰两者含义非常接近,故而本书约定,后面统一用"电磁干扰"一词的说法。据统计,全世界空间电磁能量平均每年增长 7%~14%。在有限空间和有限频率资源条件下,由于各种电子、电气设备的数量与日俱增,使用的密集程度越来越高,电磁干扰的严重性问题就越来越突出,因此,电磁兼容技术已经成为许多技术人员和管理人员十分重视的内容。

2) 电磁干扰三要素

任何电磁兼容的研究都围绕着电磁干扰源、耦合路径和敏感设备三个要素进行,称为电磁干扰三要素。电磁干扰源是指产生电磁干扰的元器件、设备、系统或自然现象;耦合路径是指干扰信号传播的途径,包括传导耦合和辐射耦合;敏感设备是指对电磁干扰产生响应的设备。所有电磁干扰都是由上述三个因素的组合而产生的,电磁干扰源发出的电磁能量,经过某种耦合通道传输到敏感设备,引起敏感设备功能下降或故障等效果,即形成电磁干扰。只要缺失三个因素其中的任何一个,电磁干扰现象就不会发生。其作用过程如图 1-1 所示。

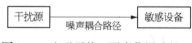

图 1-1 电磁干扰三要素作用过程

电磁兼容技术的内容主要包括:研究干扰产生的机理、干扰源的发生特性以及如何抑制干扰的发射,即抑源;研究干扰以何种形式、通过什么途径传播,以及如何切断这些传播通道,即切断;研究敏感设备对干扰产生何种响应,以及如何降低其干扰敏感度,增强抗干扰能力,即减敏。电气电子设备的电磁兼容性能就是从抑源(抑制干扰源的干扰强度)、切断(干扰耦合路径)和减敏(降低受扰设备的敏感度)三个角度来展开探讨。

对于整个设备或系统来说,干扰源是外在的,当然有些可以很容易地去掉,但是大部分干扰源可能不容易去掉或者根本无法去掉,如在产品内部,干扰源可能是数字半导体、部件、电路等,由于电子产品功能的需要,这些不能去掉;敏感设备包括单个设备或分系统,或产品内部的电路、数字半导体和部件,同样为了功能需要,这些也不能去掉。因此在研究抑制和防范各种干扰的措施和技术上,最为经济和有效的措施就是切断耦合路径。

3) 电磁干扰危害

电磁干扰对人类的危害性主要表现为以下几个方面:

(1) 对电子系统和设备的危害。强烈的电磁干扰可能使灵敏的电子设备因过载而损坏。一般硅晶体管发射极与基极间的反向击穿电压为 2~5 V,且此电压随温度升高而下降,极易损坏晶体管。电磁干扰引起的尖峰电压能使发射结和集电结中某点杂质浓度增加,导致晶体管击穿或内部短路。在强射频电磁场下工作的晶体管会吸收足够的能量,使结温超过允许温升而导致损坏。强烈的电磁辐射干扰还能引起装在武器装备系统中的灵敏电子引爆装置失控而过早启动,导致制导导弹偏离飞行弹道和增大距离误差,引起飞机的操作系统失稳、航向不准、高度显示出错和雷达天线跟踪位置偏移等。

（2）电磁场对人体的危害。电磁辐射一旦进入人体细胞组织就会引起生物效应，即局部热效应和非热效应。非热效应机理较复杂，有待于进一步探讨。热效应取决于电磁辐射的峰值功率，同时还与频率有关。电磁辐射在 1～3 GHz 频率范围内热效应最为严重，生物效应吸收的能量可达入射能量的 20%～100%。而在其他频率范围内，生物效应吸收的能量为入射能量的 40%左右。因此，不同频率的电磁辐射对人体的危害程度并不一样：对于低于 1 GHz 的辐射，皮肤组织感觉迟钝，能量渗透性强，易产生深部组织受热而损伤；对于 1～3 GHz 的辐射，人体表面组织和深部组织都会吸收能量，如眼球和内组织极易损伤。电磁场的热效应可使人体温度升高，当人体超过正常体温时，新陈代谢和氧气的需要量很快增加，且温度过高时可能会导致生命危险。

为了避免电磁干扰对人类的危害，很多国家已经台相关电磁兼容标准并强制执行，使电子产品必须满足电磁兼容标准的要求方可进入市场。如今，电磁兼容标准的强制执行已成为西方发达国家限制进口产品的一道技术壁垒。

1.1.2 电磁兼容技术发展历程

1）国外电磁兼容技术发展

1881 年，英国著名科学家希维赛德撰写了一篇《论干扰》的文章，这是最早出现的电磁干扰相关论文，但是在当时并未引起足够的重视。

1833 年，法拉第发现电磁感应现象，指出变化的磁场在导线中产生感应电动势（即法拉第电磁感应定律）。

1864 年，麦克斯韦引入位移电流，指出变化的电场将激发变化的磁场，并由此预言电磁波的存在。这种电磁场相互激发并在空间传播，正是电磁干扰存在的理论基础。

1888 年，赫兹用实验证明了电磁波的存在；同时该实验也证明各种点火系统向空间发出电磁干扰。从此科学家们开始了对电磁干扰问题的研究。

1889 年，英国邮电部门研究了通信干扰问题。与此同时，美国《电世界》期刊也刊登了电磁感应方面的文章。

1920 年左右，关于无线电干扰的论文在各种刊物发表。早期的专业刊物——美国的 *Radio Frequency Interference* 是有关射频干扰的专业刊物；到 1964 年，随着专刊内容范围的增加，其改名为 *IEEE Electromagnetic Compatibility Magazine*。

20 世纪 20 年代之后，各工业国家都日益重视电磁干扰的研究，成立了许多相应的国际组织。在国际上涉及电磁兼容的主要组织包括：国际电气电子工程师协会（Institute of Electrical and Electronics Engineers，IEEE）电磁兼容学会；国际电工委员会（International Electrotechnical Commission，IEC）及其下属的国际无线电干扰特别委员会（International Special Committee on Radio Interference，CISPR）；美国联邦通信委员会（Federal Communication Commission，FCC）；欧洲电子技术标准化委员会（European Committee for Electrotechnical Standardization，CENELEC）；国际电信联盟（International Telecommunication Union，ITU）及国际无线电咨询委员会（Consultative Committee on International Radio，CCIR）；国际无线电科学联盟（International Union of Radio Science，URSI）等。

20 世纪 40 年代，为了解决飞机通信系统受到电磁干扰造成事故的问题，科学家们开始较为系统地进行电磁兼容技术的研究。美国自 1945 年开始，颁布了一系列电磁兼容方面的军用标准和设计规范，并不断地加以完善，使得电磁兼容技术进入了新的阶段。

20 世纪 60 年代以来,电气、电子技术的发展及广泛应用,设备和系统数量的急剧增多,使得电磁环境日益复杂。现代科技向高频、高速、高灵敏度、高安装密度、高集成度、高可靠性的方向发展,其应用范围越来越广,渗透到社会的方方面面。大规模集成电路的出现将人类带入信息时代,信息高速公路和高速计算机技术成为人类社会生产和生活的主导技术。而快速发展带来的负面影响之一就是电磁干扰问题的日趋严重,但同时也极大地促进了电磁兼容技术的发展。

2) 国内电磁兼容技术发展

我国开展电磁兼容研究的工作较晚,与欧美国家差距较大,尤其是缺乏管理和设计规范。早些年,我国的电气产品并没有对电磁兼容指标做出具体要求,相关的法律法规尚在制定中,国内的产品开发人员对电磁兼容这一理念并没有相关的认识和理解,许多电气产品在设计、开发阶段根本没有考虑电磁兼容这一问题,加之不了解国外的电磁兼容相关标准,使得研发的产品不能通过强制性的电磁兼容测试,从而致使产品不能投放国外市场。在我国,第一个干扰标准是 1966 年由原第一机械工业部制定的部级标准《船用电气设备工业无线电干扰端子电压测量方法及允许值》(JB 854—66)。随着我国加入世界贸易组织(World Trade Organization,WTO),电磁兼容技术在我国得到了越来越高的重视。我国政府制定了较为完善的标准和相应的实施细则,从多种渠道推动国内电磁兼容技术的检测和研究工作。目前已制定出国家标准和军用标准 30 余个,标准要求基本等同于国际标准和美国军用标准。地方各级单位也开展了各种各样的围绕电磁兼容设计、开发和测试等方面的培训活动,使产品的开发人员认识和领会"电磁兼容"。这些都使我国在电磁兼容技术、标准和规范方面有了较大的发展。

进入 21 世纪以来,国家有关部门对电磁兼容十分重视:电磁兼容学术组织纷纷成立;许多单位建立了电磁兼容实验室,引进国外先进的电磁干扰、电磁抗扰度自动测量系统和设备;在许多地区及一些军工系统建立了国家级的电磁兼容测量中心,且已具备各种电磁兼容测量和试验能力。

1.2 电磁参量描述

在电磁领域,电磁场强度、能量经常采用分贝(dB)形式给出。它是按照对数方式压缩大动态范围变化的信号电平。在测量信号幅度相对值包括增益和损耗时,信号比值(除法运算)可以用 dB 差值(减法运算)简单表示。

分贝的起源与贝尔密切相关,贝尔(B)定义为两个功率电平的对数:

$$B = \lg\frac{P_2}{P_1} \qquad (1-1)$$

式中,P_1 为参考功率(W);P_2 为考察的功率(W)。

为了较好地描述两个参量的相对等级,又引入了分贝 $\left(\frac{1}{10}B\right)$:

$$dB = 10\lg\frac{P_2}{P_1} \qquad (1-2)$$

当用 dB 表示功率绝对值时,采用

$$P_{dB} = 10\lg\frac{P}{P_0} \qquad (1-3)$$

当然,电压、电流等也经常用分贝来描述:

$$U_{dBV} = 10\lg\frac{U^2}{U_0^2} = 20\lg\frac{U}{U_0} \tag{1-4}$$

$$I_{dBA} = 10\lg\frac{I^2}{I_0^2} = 20\lg\frac{I}{I_0} \tag{1-5}$$

通常情况下,参考值一般都取单位值。如果将 $P_0 = 1\,W$、$U_0 = 1\,V$、$I_0 = 1\,A$ 分别代入式(1-3)、式(1-4)、式(1-5),则有

$$P_{dBW} = 10\lg P \tag{1-6}$$

$$U_{dBV} = 20\lg U \tag{1-7}$$

$$I_{dBA} = 20\lg I \tag{1-8}$$

式(1-6)、式(1-7)、式(1-8)分别表示以 1 W、1 V、1 A 为 0 dB 的功率电平。

同理,如果将 $P_0 = 1\,mW$、$U_0 = 1\,mV$、$I_0 = 1\,mA$ 分别代入式(1-3)、式(1-4)、式(1-5),则有

$$P_{dBmW} = 10\lg P \tag{1-9}$$

$$U_{dBmV} = 20\lg U \tag{1-10}$$

$$I_{dBmA} = 20\lg I \tag{1-11}$$

式(1-9)、式(1-10)、式(1-11)分别表示以 1 mW、1 mV、1 mA 为 0 dB 的功率电平。

分贝的常用单位见表1-1。

表1-1　分贝的常用单位

物理量	单　位		
功率	dBW	dBmW	dBμW
电压	dBV	dBmV	dBμV
电流	dBA	dBmA	dBμA
电场	dBV/m	dBmV/m	dBμV/m
磁场	dBA/m	dBmA/m	dBμA/m

根据 1 W = 1 000 mW,则可推出 0 dBW = 30 dBmW;同理则有:0 dBV = 60 dBmV = 120 dBμV;0 dBA = 60 dBmA = 120 dBA。

常用的数值分贝转换见表1-2。

表1-2　常用的数值分贝转换

比值	V(或 I)/dB	P/dB	比值	V(或 I)/dB	P/dB
10^6	120	60	3	9.54	4.77
10	20	10	2	6.02	3.01
8	18.06	9.03	1	0	0
4	12.04	6.02	0.1	−20	−10

1.3 电磁兼容主要研究内容

电磁兼容设计已发展成为一门涉及多学科、综合性的学科分支。只有从基本理论的高度来认识它，全面掌握它的科学原理和规律，才能真正做好电磁兼容设计。电磁兼容技术研究紧密围绕电磁干扰三要素即干扰源、耦合路径和敏感源进行。因此，电磁兼容学科的研究内容主要包括：①电磁干扰特性及其传播理论；②电磁危害及电磁频谱的利用和管理；③电磁兼容设计理论和设计方法；④电磁兼容性测量和试验技术；⑤电磁兼容性标准、规范与工程管理；⑥电磁兼容预测和分析。具体叙述如下：

1）电磁干扰特性及其传播理论

电磁干扰源是指任何形式的自然现象或电能装置所发射的电磁能量，能使共享同一环境的人或其他生物受到伤害，或使其他设备、分系统或系统发生电磁危害，导致性能降级或失效。干扰源特性包括电磁干扰产生的机理、频域与时域特性、表征其特性的主要参数、抑制其发射强度的方法等。在电磁兼容的研究中，不仅关注干扰源的时域特性，同时更关注其频域特性。

电磁干扰通过辐射与传导两种方式，从干扰源传播到敏感设备上去。电磁兼容传播特性研究的特点在于源的非理想化以及宽的频谱范围。在电磁兼容领域中的传播特性研究经常需要考虑远场与近场，而且由于传导与辐射并存，从而使传播问题的研究更加复杂化。因此，对电磁干扰特性及其传播理论的研究是电磁兼容学科最基本的任务之一。

2）电磁危害及电磁频谱的利用和管理

人为的电磁污染已经成为人类社会发展的一大公害，其主要表现为射频辐射、核电磁脉冲和静电放电对人体健康的危害，还有对电子系统、电力系统和航空系统造成的干扰，影响设备的安全性和可靠性。

在关注电磁危害的同时，还要清醒地认识到人为的电磁频谱污染问题已十分严重。电磁频谱是一种有限的自然资源，而电磁频谱被占用的频谱范围和数量日益扩张；同时频谱利用方法的进展远慢于频谱需求的增加，致使电磁兼容问题出现许多实施方面的困难，不得不需要专门的国际电信联盟机构来加以管理。在我国，中国无线电管理委员会分配和协调无线电频段。因此，有效管理、保护和合理利用电磁频谱也是电磁兼容学科研究的一项必要内容。

3）电磁兼容设计理论和设计方法

任何工程设计，需要考虑的是费效比。一个产品从设计到投产的过程中，可以分为设计、试制和投产三个阶段。若在产品设计的初始阶段解决电磁干扰问题，投资最少，控制干扰的措施最容易实现。若到产品投产之后发现电磁干扰问题再去解决，成本就会大大上升。因此，费效比的综合分析是电磁兼容设计研究的一部分。

电磁兼容设计不同于设备和系统的功能设计，它往往是在功能设计方案基础上进行的。电磁兼容设计又可分为系统内和系统间两部分，主要是对系统之间及系统内部的电磁兼容性进行分析、预测、控制和评估，实现电磁兼容和最佳费效比。电磁兼容工程师必须和系统工程师密切配合、反复协调，把电磁兼容性设计作为系统设计的一部分，从而达到电磁兼容性系统设计的目的。

4）电磁兼容性测量和试验技术

电磁兼容测量主要包括测量设备、测量方法、数据处理方法以及测量标准和测量结果的评价等。电磁兼容的测量和试验研究是至关重要的,它贯穿于电磁兼容性分析、建模、产品开发、产品检验、干扰诊断等各个阶段。电磁干扰特性和电磁环境复杂、电磁干扰信号的频谱带宽范围广、用电设备和系统占用的空间有限,这些都使得对设备和系统的电磁兼容性测量和试验项目增多。同时,为了各个国家、各个实验室测量结果之间的可比性,必须详细规定测量仪器的各方面指标,并且各个国家的仪器指标也应严格相同。除了对仪器,对测量方法也应该进行详细且严格的规定。

电磁兼容测试技术涉及诸多方面,按照测试目的来分,主要可以分为传导干扰测试、传导抗扰度测试、辐射干扰测试、辐射抗扰度测试、传导型沿线电磁环境监测、辐射型空间电磁环境监测六个方面。此外,还有高精度的电磁干扰及电磁敏感度自动测量系统的研制、开发、应用以及测试结果的评价,这些都是电磁兼容学科研究的重要内容。

5) 电磁兼容性标准、规范与工程管理

电磁兼容性标准、规范是电磁兼容性设计和试验的主要依据。通过制定和实施标准、规范来控制用电设备与系统间的电磁发射和电磁敏感度,从而降低设备与系统间相互干扰的可能性。标准规定的测试方法和极限值要求必须合理,以符合国家经济发展综合实力和工业发展水平,这样才能促进产品质量提高和技术进步,否则会造成人力、物力和时间的浪费。因此,制定标准、规范必须进行大量的实验和数据分析研究。

为了保证设备和系统在全寿命期内有效且经济地实现电磁兼容性要求,必须实施电磁兼容性管理。电磁兼容性管理的基本职能是计划、组织、监督、控制和指导。管理的对象是研制、生产和实用过程中与电磁兼容有关的全部活动。因此,电磁兼容性管理要有详细的计划,确立各个研制阶段的电磁兼容性目标,突出重点,加强评审,提高工作的有效性。

6) 电磁兼容预测和分析

电磁兼容预测和分析是进行合理的电磁兼容性设计的基础。通过对电磁干扰的预测,能够对潜在的电磁干扰进行定量的估计和模拟,避免采取过高的抑制措施,造成不必要的浪费,同时也可以避免设备和系统建成后才发现电磁不兼容的难题。因此,在设备和系统设计的最初阶段就进行电磁兼容性分析和预测是十分必要的。一般来说,电磁兼容预测会经历以下三个阶段:

(1) 问题解决阶段。如果电气电子系统设计时不做统筹考虑,出现电磁干扰问题,再分析原因,寻找解决方法,那么对于较为复杂的系统,出现干扰可能性比较大,而且不容易分析出原因,从而导致系统的重新设计或系统设计失败。

(2) 规范设计阶段。需要对系统、分系统、各部件、元器件制定一系列详细的电磁兼容设计规范,建立系统的精确电磁干扰模型,严格按照规范进行设计和调试,将电磁干扰的可能性降为最低。但由于建立精确模型对于电力电子类复杂系统极其困难,甚至不可能建立。因此,如果没有对干扰进行精确分析预测,制定的规范就不可避免地带有盲目性:即指标要求太低,可能导致电磁兼容设计失败;指标要求太高,又会造成不必要的浪费。

(3) 电磁兼容分析预测阶段。在设计初期对系统、分系统、各部件、元器件电磁特性进行分析预测,合理分配各项指标要求,在系统的整个设计过程中不断地进行修正和补充,使系统工作在最佳状态。

无论是问题解决阶段、规范设计阶段还是电磁兼容分析预测阶段,其有效性均应以最后产品或系统的实际运行情况或检验结果为准则。鉴于电磁兼容问题的复杂性,目前无论在电磁兼容的哪一个级别上都没有完全做到准确预测、分析,最终必要时都要回归到问题解决阶段。

1.4 电磁兼容的标准和规范

1.4.1 电磁兼容标准发展

电磁干扰不仅会造成电子设备、系统的性能下降乃至无法工作,甚至会产生事故、损坏设备,还可能对居民的日常生活、身体健康造成一定的影响和危害。因此,保护电磁环境、防止电磁干扰、解决电磁兼容的问题,需要引起世界各国及相关国际组织的普遍关注。大多数电子电气设备、电路和系统会有意或无意地发射电磁能量,同时大量的装置、电路和设备能够响应这类电磁干扰或受其影响,所以各种设备既是"罪犯"也是"受害者"。为了对不同的设备制定合理的电磁发射电平的限制及抗干扰限值,就必须统一到规定试验环境和试验条件下测试其电磁兼容性,从而达成一种共识(即标准),其目的是要形成能够辅助生产厂家、使用者及其他可能相关者的指南。为了规范电子产品的电磁兼容性,所有发达国家或组织和部分发展中国家制定了电磁兼容标准,如欧盟规定所有进入欧盟的电子、电器产品必须符合 CE 认证(即欧盟认证)的要求;而进入北美地区的电子产品,必须满足美国联邦通信委员会认证要求。从 2003 年 8 月 1 日起,我国也开始对强制性产品认证进行执法监督,对于属于《第一批实施电磁兼容安全认证的产品目录》内的产品且没有通过电磁兼容认证的,不得出厂销售、进口或在经营性活动中使用。

电磁兼容涉及的领域很广,在国际上受到普遍关注,许多国际组织、机构在从事电磁兼容的标准化工作,下面介绍几个主要的研究机构。

1) 国际电工委员会(IEC)

IEC 成立于 1906 年,它是世界上成立最早的国际性电工标准化机构,负责有关电气工程和电子工程领域中的国际标准化工作。IEC 制定了一系列电磁兼容标准,如 IEC 61000 系列标准。IEC 各技术委员会负责与电磁兼容有关的课题见表 1-3。

表 1-3　IEC 各技术委员会负责与电磁兼容有关的课题

技术委员会	与电磁兼容有关的课题	技术委员会	与电磁兼容有关的课题
TC12	无线电通信	TC45	核检测仪表
TC17	开关设备与控制机构	TC46	通信设备用的电缆、电线和波导
TC18	传播中的电装置	TC61	家庭用电的安全
TC22	大功率电子学	TC62	医用电设备
TC23	电器附件	TC64	建筑物内的电装置
TC27	工业电热设备	TC65	工业过程的测量与控制
TC34	电灯与开关设备	TC72	家用电器的自动控制
TC36	绝缘子	TC74	数据处理设备和办公机械
TC40	电子设备用的电容器与电阻器	TC77	电气设备(包括网络)的电磁兼容性
TC44	工业机械的电设备		

2) 国际无线电干扰特别委员会(CISPR)

1933 年有关国际组织在法国巴黎举行了一次特别会议,研究如何处理国际性无线电干扰问题。与会者普遍认为,为避免商品贸易和无线电业务中出现故障,最重要的是要在规定无线电干扰测试方法和限值方面保证有一定的统一性。为了加速制定国际上一致同意的关于无线电干扰方面系统性的推荐标准,大会建议,由国际电工委员会和国际广播联盟的国家委员会代表并邀有关国际组织的代表共同组成一个联合委员会。后几经发展,演变成国际无线电干扰特别委员会(CISPR)。它的宗旨是促进有关无线电干扰方面国际协议的建立和为国际贸易提供方便。CISPR 具体涉及以下几个方面的任务:

(1) 保护无线电接收装置,免受下列电磁干扰源的干扰,如各种形式的电气设备、点火系统、电力运输系统在内的供电系统、工业科学医疗射频设备、声音与电视广播接收机、信息技术设备。

(2) 干扰测量设备与方法。

(3) 干扰源所产生的干扰的限值。

(4) 声音与电视广播接收机装置的抗扰度以及测量这些抗扰度方法的规定。

(5) 如果 CISPR 所批准的标准与 IEC 的其他技术委员会以及国际标准化组织的技术委员会所批准的标准产生重复时,则应就除接收机以外装置的发射和抗扰度要求与这些技术委员会进行磋商。

(6) 安全规程对电气设备干扰抑制的影响。

CISPR 下设 7 个分委员会,将有使用价值的研究报告发表在一系列的 CISPR 出版物上,这些报告成为世界各国公认的电磁兼容性标准与规范,如《工业、科学和医疗(ISM)射频设备骚扰特性　限值和测量方法》等。

3) 国际电气电子工程师协会(IEEE)

IEEE 是总部位于美国纽约的一个国际性电子技术与信息科学工程师的协会,也是目前全球最大的非营利性专业技术学会,其会员人数超过 40 万人,遍布 160 多个国家。IEEE 致力于电气、电子、计算机工程和与科学有关领域的开发和研究,在航空航天、信息技术、电力及消费性电子产品等领域已制定了 900 多个行业标准。IEEE 现已发展成为具有较大影响力的国际学术组织。

IEEE 举办的 IEEE 电磁兼容国际研讨会是电磁兼容领域内最主要的学术会议之一,同时其还主办了电磁兼容性专业期刊 *IEEE Transactions on EMC*。

4) 国内的电磁兼容研究机构

我国于 1986 年成立了全国无线电干扰标准化技术委员会(简称"标委会")。标委会负责除军工和核电以外各行业的电磁兼容标准化技术归口工作。涉及的产品类别有:①工业、科学和医疗射频设备;②车辆、机动船及火花点火发动机驱动装置;③声音和电视广播接收机及有关设备;④家用电器和类似器具;⑤电动工具;⑥电动玩具;⑦电气照明设备和类似设备;⑧输变电设备;⑨信息技术设备;⑩电信设备;⑪其他有关电子、电气产品或设备。

标委会拥有 8 个分会,其中 7 个分会与 CISPR 下设 A、B、C、D、E、F、G 分会技术委员会相对应,即 CSBTS/TC79/SCA～SCG。这 7 个分会分别涉及的专业领域如下:

SC1(A 分会):无线电干扰测量方法和统计方法。

SC2(B 分会):工、科、医射频设备有关电磁兼容的限值及其测量方法。

SC3(C 分会)：电力线、高压设备和电力牵引系统有关电磁兼容的限值及其测量方法。

SC4(D 分会)：车辆、机动车和火花点火发动机有关电磁兼容的限值及其测量方法。

SC5(E 分会)：声音和电视广播接收机有关电磁兼容的限值及其测量方法。

SC6(F 分会)：家用电器、电动工具、照明设备有关电磁兼容的限值及其测量方法。

SC7(G 分会)：信息技术设备有关电磁兼容的限值及其测量方法。

此外，根据我国情况，还成立了一个 SC8 分会(简称"S 分会")，它涉及无线电系统和非无线电系统间的电磁兼容标准化技术。

1.4.2　电磁兼容的标准规范

1.4.2.1　我国电磁兼容标准体系

我国的电磁兼容标准体系如图 1-2 所示。我国的电磁兼容标准和国际上类似，分为基础标准、通用标准、产品类标准和产品标准四大类。

图 1-2　我国电磁兼容标准体系示意图

1）基础标准

属于基础标准的有电磁兼容名词术语、电磁环境、电磁兼容测试设备规范和测量方法等。这类标准的特点是不给出指令性限值，也不给出产品性能的直接判据，但其是编制其他各类标准的基础。如《电工术语　电磁兼容》(GB/T 4365—2003)，《无线电骚扰和抗扰度测量设备和测量方法规范》(GB/T 6113—2018)，《电磁兼容　试验和测量技术》(GB/T 17626—2014)等。

2）通用标准

通用标准是对给定环境中所有产品给出一系列最低的电磁兼容性能要求。通用标准中的各项试验方法可以在相应的基础标准中找到，通用标准可以成为编制产品类标准和专用产品标准的导则。通用标准对那些暂时还没有相应标准的产品有极高的参考价值，可用于进行电磁兼容摸底试验。我国的电磁兼容通用标准选自 IEC 61000-6 系列标准，对应的通用国家标准的系列号为 GB/T 17799。

3）产品类标准

产品类标准针对特定的产品类别，规定其电磁兼容性能要求及详细测量方法。产品类标准规定的限值应与通用标准相一致，但不同的产品类有其特殊性，必要时可增加试验项目和提高试验限值。产品类标准是电磁兼容标准中所占份额最多的，如《信息技术设备的无线电骚扰限值和测量方法》(GB 9254—2016)，《家用电器、电动工具和类似器具的电磁兼容要求》(GB 4343—2018)等。

4）产品标准

产品标准主要规定了经过协调不同系统之间的电磁兼容要求。如《电信线路遭受强电线路危险影响的容许值》(GB 6830—1986)、《架空电力线路与调幅广播收音台的防护间距》(GB 7495—1987)、《卫星通信地球站与地面微波站之间协调区的确定和干扰计算方法》(GB 13620—2009)等。

我国的电磁兼容标准绝大多数引自国际标准，其来源包括国际无线电干扰特别委员会的出版物、国际电工委员会的标准、美国军用标准、国际电信联盟的有关建议等，因此可以与国际标准接轨。我国部分电磁兼容国家标准与国际标准的对应关系见表 1-4。

表1-4 我国部分电磁兼容国家标准与国际标准的对应关系

序号	国家标准编号	标准名称	所对应国际标准号
1	GB 4824—2013	工业、科学和医疗(ISM)射频设备骚扰特性 限值和测量方法	参照 CISPR 11:2010
2	GB 14023—2000	车辆、机动船和由火花点火发动机驱动的装置的无线电骚扰特性的限值和测量方法	等效于 CISPR 12:1997
3	GB 13837—2012	声音和电视广播接收机及有关设备无线电骚扰特性 限值和测量方法	等效于 CISPR 13:2009
4	GB 4343—2018	家用电器、电动工具和类似器具的电磁兼容要求	等效于 CISPR 14:2011
5	GB 17743—2007	电气照明和类似设备的无线电骚扰特性的限值和测量方法	等同于 CISPR 15:2005
6	GB/T 6113—2018	无线电骚扰和抗扰度测量设备和测量方法规范	等效于 CISPR 16:2014
7	GB/T 16607—1996	微波炉在1GHz以上的辐射干扰测量方法	等效于 CISPR 19:1983
8	GB/T 9383—2008	声音和电视广播接收机及有关设备抗扰度 限值和测量方法	等同于 CISPR 20:2006

1.4.2.2 标准和规范的内容

标准和规范中一般包括规定的名词术语。规定电磁发射和敏感度的极限值,规定统一的测量方法,规定电磁兼容性控制方法或设计规范等内容。电磁兼容标准涉及内容如图1-3所示。

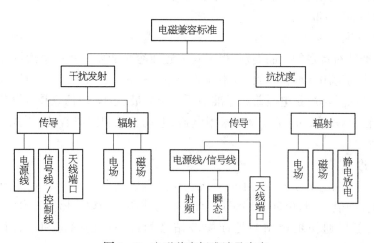

图1-3 电磁兼容标准涉及内容

1.4.2.3 采用标准的注意事项

对于某一具体的产品,采用不同类型的电磁兼容标准应按照如下顺序进行:

(1) 产品电磁兼容标准应最优先采用。

（2）产品类电磁兼容标准处于次优先应用的位置，由于到目前为止，国内不少标准化技术委员会尚未制定其相关产品的电磁兼容标准，所以在 3C 认证（中国强制性产品认证）中产品类电磁兼容标准用得最多。

（3）对于某种产品，如果既没有产品电磁兼容标准，又没有适用的产品类电磁兼容标准，则应采用通用电磁兼容标准。

（4）对于某种特殊情况，如新产品的研制阶段，如果连国内通用电磁兼容标准都没有适合的，则可以直接采用相应的国际标准。

（5）在选择试验限值时，原则上产品电磁兼容标准应同于或严于产品类电磁兼容标准，产品类电磁兼容标准应同于或严于通用电磁兼容标准，如果出现相反的情况时，应使用其产品电磁兼容标准或产品类电磁兼容标准并说明理由。

1.4.3 电磁兼容认证

产品的电磁兼容认证是指依据产品的电磁兼容标准和相应的技术要求，经过认证机构测试确定，并通过颁布认证证书和认证标志来证明产品符合相应标准和相应技术的要求。在我国电磁兼容认证已纳入 3C 认证范围[进口商品安全质量许可证制度（CCIB）、安全认证强制性监督管理制度（CCEE）、电磁兼容安全认证制度（CEMC）]。国家对有强制性电磁兼容国家标准或强制性电磁兼容行业标准，以及标准中有电磁兼容强制条款的产品实行安全认证制度，对这些实施电磁兼容安全认证的产品在进入流通领域实施强制性监督管理。我国第一批强制性产品目录（2001 年 12 月 3 日）涉及 9 个行业、19 大类、132 种产品。

我国的 3C 认证标志如图 1－4 所示。我国的电磁兼容认证机构是中国电磁兼容认证委员会（CEMC）。认证测试必须在国家技术监督局认可的电磁兼容测试机构进行。

图 1－4 我国的 3C 认证标志

思考题

1. 什么是电磁兼容三要素？请详细解释说明。

2. 电磁兼容和电磁环境具体指什么？

3. 电磁兼容的耦合机理主要有哪些？请举一些日常生活中电磁干扰的例子，并指出其耦合方式。

4. 电磁兼容领域中常用的单位是什么，为什么用这个单位？

第2章

电磁干扰的种类、形成与传播

本章内容

本章首先介绍了常见的干扰源及形成机理,分别叙述了自然干扰和人为干扰。接着介绍电磁干扰的传播与耦合,主要包括传导干扰和辐射干扰,这两者一般是共同存在的,只是其中一种传播方式会占主导作用。然后详细介绍了电容器、电感器、电阻器和铁氧体这几种主要的抑制电磁干扰的元器件及其特性。最后重点介绍了浪涌抑制器件的原理、特点和它们的实际应用。

本章特点

本章从干扰源、电磁干扰的传播与耦合出发,介绍了电磁干扰三要素中的两个要素(干扰源和耦合路径),以及常用的抗干扰元器件与浪涌防护器件,为后续抑制电磁干扰提供了理论基础。

2.1　常见干扰源与形成机理

2.1.1　自然与人为干扰

电磁干扰源种类繁多,按照传播方式可以分为传导干扰源和辐射干扰源;按照测量环境中直接影响测量及测量设备的干扰来源可以分为自然干扰源和人为干扰源。

2.1.1.1　自然干扰源

自然干扰源主要是指由于大自然现象所造成的各种电磁噪声。自然电磁干扰主要包括静电放电(electrostatic discharge,ESD)、大气噪声、雷电、太阳异常电磁辐射以及来自宇宙的电磁辐射噪声等,其中最具破坏力的有静电放电、雷电和自然辐射三种。

1) 静电放电

静电是自然界最普遍的电磁干扰源。在许多场合尤其是干燥环境下,静电放电非常常见,几乎人人身上都携带有数百上千伏的静电。为了抑制静电放电对设备带来的危害,需要了解静电的形成机理及其防护措施。

正常情况下,原子内部的质子数和电子数相同,正负电荷保持平衡,对外呈电中性,也就是不带电。在外力的作用下,绕原子 A 旋转的电子得以脱离原子核的束缚而成为自由电子,并侵入原子 B,则原子 A 因失去电子而带正电,成为阳离子,原子 B 因获得多余电子而带负电,成为阴离子。当阳离子或阴离子累积到一定程度,就对外呈现带电特性。这种外力可以以多种能量形式体现,例如机械摩擦带来的动能、加热带来的热能、电场带来的电能等。

任何两种不同材质的物体接触后再分离都会产生静电,产生静电的过程被称为起电。若不同物质接触又分离后产生的电荷难以中和,电荷就会累积得越来越多,形成的静电电压就越高。因此,不同金属物体摩擦就很难累积静电,因为作为良导体的金属会快速中和产生的电荷。而非良导体之间的摩擦就很容易产生静电,例如在黑暗环境中脱下化学纤维、毛织品等衣物时很容易看到静电火花,就是因为静电电压高而产生空气击穿的静电放电特有现象。

带有静电的人或物体接近导电物体时,两者之间的电位差会使得静电电荷以火花的形式转移到该导电物体。若转移的电荷足够多,则放电火花会更强,例如冬天穿呢大衣的人碰门把手时,通常就会通过手指对门把手形成静电放电,手指会有明显的电击疼痛感,这也是在加油站自助加油前要求司机先用手触碰静电放电金属块以避免引起爆炸的原因。静电放电还可能造成电子元器件和设备的失效和损坏,严重影响高频、甚高频、超高频频段的无线电通信和导航等。

静电放电产生的宽带射频噪声频谱分布范围很宽,可高达数吉赫兹。静电的防护措施主要包括静电接地、空气加湿和消电器三种。最简单的是静电接地方法,给静电提供低阻抗的快速泄放接地通路,例如焊接对静电敏感的芯片或元器件时,要求焊接人员手腕佩戴防静电手环,快速地将身上所产生的静电泄放到大地上,并且烙铁也需要可靠接地,从而避免静电放电造成敏感元件的失效和损坏。

2) 雷电

当空气中的水汽达到饱和状态就会发生凝结,从而形成云朵。在云朵形成的过程中,由于大气电场、温差起电和破碎起电效应,正负电荷分别在云朵的不同部位累积形成静电,云朵所携带的大量静电荷会形成云层之间或云层对地的放电现象,称为雷电现象。云层放电时,强大的雷电冲击电流使得放电通道内的空气瞬间完全电离、温度高达 20 000 ℃,电离过程中发出大量的光子,形成闪电。在闪电通道上的高温同时使得空气迅速膨胀,还会使水滴汽化膨胀,从而形成冲击波,这种冲击波活动就形成了雷声。

雷电是最严重的自然电磁干扰源。由于云层之间的电荷量和电压远超过人体所携带静电,放电电流的强度远超过其他的静电放电,可高达数百千安培,持续时间通常只有百微秒左右,且电流变化速度很快,可高达 $10\,\mathrm{kA/\mu s}$。典型的模拟雷击电流波形如图 2-1 所示,电流在 $8\,\mu s$ 内从零增长至最大值 $100\,\mathrm{kA}$,然后呈指数衰减,电流脉冲的半高宽为 $20\,\mu s$。

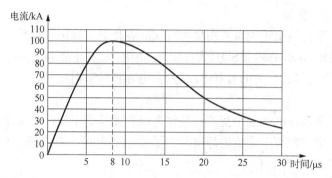

图 2-1 $8/20\,\mu s$ 模拟雷击电流波形图

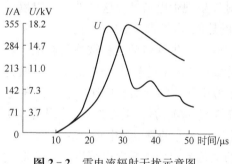

图 2-2 雷电流辐射干扰示意图

雷电的破坏以两种形式体现,即直击雷和感应雷。直击雷是带电的云层对大地的某一突出点发生迅猛的放电现象。被雷电直接击中的建筑物、电气设备或其他物体会因为雷电流的高温热效应造成建筑物燃烧、设备部件的融化或人体组织的灼伤等,从而造成破坏性的伤亡或损坏。感应雷是直击雷发生后,地面某些地方的局部残余电荷形成的局部高电压,或放电过程中的电磁波对周围的导线或金属物体中因电磁感应产生的高电压,由这些高电压引发闪击现象的二次雷。图 2-2 给出了 $100\,\mathrm{kA}$ 的雷电流在距离雷击点 $4\,425.696\,\mathrm{m}$ 处形成的辐射干扰电流和电压。

为了避免雷击造成建筑和设备的损坏,需要采取有效的防雷措施。目前世界上广泛采用的防雷技术主要有接闪、均压连接、接地、分流和屏蔽。接闪是通过合理布局的避雷针、避雷线或避雷带主动捕获到一定范围内的闪电放电,并将雷电冲击电流引导入大地。接地是防雷系统中最基础的环节,接地阻抗必须足够小才能有效降低引线上的电压,避免发生反击。

3) 自然辐射

自然辐射干扰源种类很多,主要包括宇宙噪声、地球磁场、电子噪声等。银河系宇宙背景存在着稳定的、频段范围宽广的无线电波辐射,即宇宙噪声。宇宙噪声来源主要是银河系和太阳。太空观测的宇宙噪声强度具有相对稳定的空间方向分布。当银河系宇宙噪声穿过大气层时,其强度将受到衰减,衰减的程度与其经过的路径上电子浓度和中性粒子成分浓度的乘积成正比。自然辐射干扰在 $20\sim500\,\mathrm{MHz}$ 的范围内相当明显,其干扰的主要对象是通过卫星传送的通信和广播信号以及航天飞行器等。太阳也是一个很强且随时间变化的无线电干扰噪声源,特别是太阳黑子的产生。太阳的干扰频率从 $10\,\mathrm{MHz}$ 到几十吉赫兹。太阳黑子会导致地球表面磁暴,在磁暴期间,地球不同地点的电位发生变化,并且会在通信线路中以及全球定位系统(GPS)定位时出现干扰和偏差。1989 年 3 月太阳风暴爆发,曾导致美国共计 46 颗卫星发生异常,并造成加拿大魁北克省电力系统大面积损坏,断电达 9 h。

2.1.1.2　人为干扰源

人为干扰源按其属性可分为功能性干扰源和非功能性干扰源。功能性干扰源是指设备实现功能过程中造成对其他设备的直接干扰,如雷达、广播等;非功能性干扰源是指用电装置在实现自身功能的同时伴随产生或附加产生的副作用,如开关闭合或切断产生的电弧放电干扰等。

1) 功能性干扰源

功能性干扰源也称有意发射干扰源,是专用于辐射电磁能的设备,例如广播、电视、通信、雷达等。这些大功率无线电发射设备发射的电磁能量对系统本身来说是有用信号,而对其他设备则可能是无用信号且构成功能性干扰,同时这也是电磁环境的重要污染源。

民航甚高频通信系统所使用的频率范围在 118.000~135.975 MHz,而常见的 FM 广播电台,一般频率范围为 87~108 MHz。但是某些电台会擅自扩频,将发射频率扩展到了航空用的甚高频波段,从 108 MHz 到 118 MHz,非常接近民航飞机的通信频率,就会对民航通信造成干扰。

对于有意辐射干扰源,其辐射干扰的空间分布是比较容易计算的,主要取决于发射天线的方向性及传输路径的损耗。干扰能量随时间的分布和干扰源的工作时间与干扰出现的频率有关,可以分为周期性干扰、非周期性干扰和随机干扰三种类型。大多数的有意干扰源产生的都是周期性的干扰信号,所以其频谱具有离散性、谐波性和收敛性。

2) 非功能性干扰源

非功能性干扰源是指设备或系统在实现自身功能的过程中产生无用电磁能量而对其他设备或系统造成干扰的电气装置,常见的有以下几种。

(1) 静电放电。当物体上累积的静电电荷产生的电压达到一定值时,就会产生电晕放电或火花放电,形成静电干扰。静电干扰能导致测量、控制系统失灵或故障,以及计算机程序出错、集成电路芯片烧毁,甚至能引起火灾,导致易燃易爆品引爆。

(2) 电力系统。电力系统干扰源包括架空高压输电线路和高压设备。输电线路上的开关和负载投切、短路、浪涌等状态变化,将干扰以脉冲形式馈入输电线路,并经输电线以传导或辐射方式耦合到与输电线相连接的电气、电子设备。另外,在高压导线与其他金属配件表面处的电晕放电,绝缘子承受高压应力区域内火花放电以及触点松动或接触不良处的火花也会形成电磁干扰。

(3) 点火系统干扰源。点火系统利用点火线圈产生高压,通过点火栓进行火花放电。由于该过程放电时间短、电流大以及波形上升时间短,对外辐射很强的电磁波,从而造成干扰。发动机点火系统是最强的宽带干扰之一,其在 30~300 MHz 内的干扰强度最大。

(4) 工业、科学、医疗设备。工业、科学、医疗设备利用电磁能量工作,但其工作过程中电磁能量的泄漏容易造成干扰。随着科学技术的发展,医疗射频设备逐渐成为一个重要的电磁干扰源,医院内的电磁干扰问题日益剧增。例如,当心电图机距离超短波治疗机、X 射线机等大功率电器较近时,容易受到辐射影响被干扰而造成测量故障。工业、科学、医疗设备由于设备覆盖频率较广、功率较大,带来的电磁干扰影响也比较大。

(5) 家用电器、照明器具。这一类设备或装置种类繁多,包括电风扇、洗衣机、空调、冰箱、微波炉等,干扰特性复杂。特别是采用变频技术的空调、洗衣机等,由于其利用功率开关的特性,产生的电磁干扰相当严重。

(6) 信息技术设备。信息技术设备是以处理高速数字信号为特性,典型的代表性产品为计算机、传真机、服务器等。例如,笔记本电脑的主板芯片及其支撑的显卡、声卡、网卡、内存部件,运行在方波状的处理高速脉冲下,其干扰的发射频率高达几百兆赫兹甚至更高,且包含丰富的频谱,具有较强的辐射能力,会产生电磁干扰和信息泄漏。

(7)核电磁脉冲。核爆炸时会产生冲击波、热辐射、放射性污染和核电磁脉冲。其中,冲击波、热辐射和放射性污染会随着距离很快衰减,而核电磁脉冲可以在很广的范围内传播。核电磁脉冲具有以下特点:①幅度大:核电磁脉冲的电场强度在几千米范围内可达1万~10万V/m,是无线电波电磁场的几百万倍。②作用时间短:核电磁脉冲的电场变化迅速,在0.01~0.03μs的时间内即可上升到最大值,从发生到结束也只有几十微秒的时间。③频谱宽:核电磁脉冲的频率范围宽(频率从几赫兹到100 MHz),几乎包含了现代军用电子设备所使用的频段,因此对军用电子设备的影响较大。④作用范围广:低空核爆炸产生的电磁脉冲源区虽然只有几千米的范围,但辐射出来的电磁脉冲信号可以传到很远的地方。

表2-1列出了常见干扰源的频谱范围。

表2-1 常见干扰源的频谱范围

干扰源	频谱范围	干扰源	频谱范围
雷电放电	几赫兹至几百兆赫兹	电视	30 MHz~3 GHz
移动通信	30 MHz~3 GHz	微波炉	300 MHz~3 GHz
电视机	10~400 kHz	荧光灯	0.1~3 MHz
海上导航	10 kHz~10 GHz	广播	150 kHz~100 MHz
电晕放电	0.1~10 MHz	无线电定位	1~100 GHz
直流电源开关电路	100 kHz~30 MHz	空间导航卫星	1~300 GHz
电源开关设备	100 kHz~300 GHz	工业、科学、医疗高频设备	几万赫兹至几十吉赫兹

2.1.2 常见电磁干扰的成因

2.1.1节提到,电磁干扰除了包括静电、雷电和宇宙射线等自然电磁干扰外,也包含电气电子设备和其他人工装置产生的人为电磁干扰。由于自然电磁干扰不常发生,且通过良好的接地与屏蔽就能轻松地抑制,故本节重点介绍电气电子设备中更为常见的人为电磁干扰的形成原因。根据人为电磁干扰的传播途径,可将其分为辐射干扰和传导干扰。

需要注意的是,辐射干扰与传导干扰的界限并不是非常明显,除了频率很低的干扰信号外,许多干扰信号的传播可以通过导体和空间混合传输。在某些场合中,干扰信号先以传导的形式,通过导体将能量转移到新的空间,再向空间辐射。在另一些场合,干扰信号先以辐射形式在空中传播,在其传播的过程中遇到导体,会在导体中感应出干扰信号,而又形成传导干扰,沿导体继续传播,如多束电缆传输线的电场和磁场耦合。

2.1.2.1 辐射干扰

辐射干扰的特点是从干扰源辐射出能量,通过空气等介质以电磁波或电磁感应的形式传播,通常是高频信号以远场的形式干扰其他设备。可见,形成辐射干扰的两个必备条件是能产生电磁波的干扰源和将电磁波辐射出去的设备结构,且这种结构必须是开放式、几何尺寸和电磁波的波长在同一数量级才能满足辐射的条件,因此,各种天线和电路板布线是辐射电磁波的最有效设备。常见的辐射干扰源包括发送设备、振荡器、非线性器件和核电磁脉冲等,尤其是数字控制系统中的时钟和高频数字信号以及电路中的高频谐波等,它们的特点是频率很高。

接下来重点详细介绍几种产生辐射干扰的过程。

1）高 $\mathrm{d}i/\mathrm{d}t$ 和高 $\mathrm{d}u/\mathrm{d}t$

在逆变过程中产生的高频方波电流和电压具有非常陡的上升沿和下降沿，即具有高 $\mathrm{d}i/\mathrm{d}t$ 和高 $\mathrm{d}u/\mathrm{d}t$，它们产生的浪涌电流和尖峰电压构成了干扰源，通过回路传导或辐射到大地，对输入电源和负载以及共用同一电源和地的其他设备形成干扰。矩形波及其傅里叶级数分解波形如图 2-3 所示，由图可知：矩形波周期的倒数决定了波形的基波频率；同理，2 倍脉冲边沿上升时间或下降时间的倒数决定了这些边沿引起的频率分量的频率值，其典型值在 1 MHz 以上，则相应的谐波频率就更高。简而言之，电压和电流的变化率越快，方波脉宽越窄，对应的基波和谐波频率就越高，干扰能力越强。这些高频信号都会成为辐射干扰源，对开关电源的正常信号尤其是控制电路的信号造成干扰。高频时钟和功率开关器件的高频开关动作是电路中产生电磁干扰的主要原因。

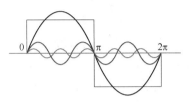

图 2-3 矩形波及其傅里叶级数分解波形

2）整流二极管的反向恢复电流

普通二极管的 PN 结内，载流子由于存在浓度梯度而具有扩散运动，同时由于电场作用存在漂移运动，这两种运动形成动态平衡后会在 PN 结形成空间电荷区。当二极管两端施加正向偏压时，空间电荷区缩小，二极管正偏导通；当二极管两端有反向偏压时，空间电荷区加宽。

当二极管在导通状态下突加反向电压时，存储电荷在电场的作用下回到己方区域或者被复合，这样便产生一个反向电流。理想的二极管在承受反向电压时截止，不会有反向电流通过。而实际二极管正向导通时，PN 结内的电荷被累积，当二极管承受反向电压时，PN 结内累积的电荷将释放，因而在载流子消失之前的一段时间里，电流会反向流动并形成一个反向恢复电流，致使产生很大的电流变化（$\mathrm{d}i/\mathrm{d}t$），它恢复到零的时间与结电容等因素有关。反向恢复电流在变压器漏感和其他分布参数的影响下将产生较强烈的高频衰减振荡。因此，输出整流二极管的反向恢复电流也成为开关电源中一个主要的干扰源。

3）工频整流电流畸变

开关电源的输入普遍采用图 2-4a 中的桥式整流、电容滤波型整流电源，在没有功率因素校正（power factor correction，PFC）功能的输入级，由于整流二极管的非线性和滤波电容的储能作用，使得二极管的导通角变小，输入电流成为一个时间很短、峰值很高的周期性尖峰电流，如图 2-4b 所示。这种畸变的电流实质上除了包含基波分量以外还含有丰富的高次谐波

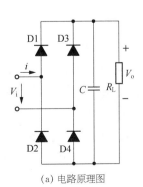

(a) 电路原理图

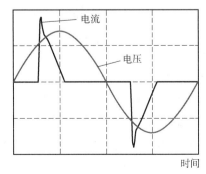

(b) 输入电压和电流波形

图 2-4 传统工频整流器电路原理图和电压电流波形

分量,若这些高次谐波分量注入电网,会引起严重的谐波污染,对电网上其他的电气设备造成干扰。为了控制开关电源对电网的污染以及实现高功率因数,PFC 电路是不可缺少的部分。

一般可以通过在二极管两端并联 *RC* 缓冲器,以抑制其反向恢复噪声。碳化硅材料的肖特基二极管,恢复电流极小,特别适合用于 PFC 电路,可以使电路更简洁。

2.1.2.2 传导干扰

根据电磁干扰三要素中的传播途径可知,传导干扰主要通过公共导线、电源线或地阻抗相互耦合,以及电容性耦合或电磁感应耦合形成。根据传导干扰所表现的形式,可以分为共模(common mode,CM)干扰和差模(different mode,DM)干扰。共模干扰和差模干扰的表现形式不同,产生的机理也不同,因此抑制干扰的方法也不同。

共模干扰与差模干扰的主要差别在于其所流经回路不同。通常的信号回路是由信号源 V_S 与负载之间的两根线构成,如图 2-5 中的 A 线和 B 线所示。正常信号电流经过 A 线流入门电路,再经过 B 线流回到信号源。差模干扰源 V_{DM} 的方向与信号源 V_S 一致,因此差模干扰电流与正常信号电流以同样的回路在信号源与负载间流动,如图 2-5 中的实线箭头所示,此时 A 线和 B 线的电流方向相反。简而言之,差模电流的回路和信号回路完全一样,在信号双线中的差模电流大小一致、方向相反;而共模电流的特点是在信号双线中的电流大小和方向都一样。共模干扰源 V_{CM} 是由于信号线与地线之间的电位差形成,因此共模干扰电流的通路与差模干扰电流不同,分别经过 A 线和 B 线同时向地流动,如图 2-5 中的虚线箭头所示,此时 A 线和 B 线的电流方向相同。差模电流通常等于信号电流或电源电流,不会出现在屏蔽层中,因此,只要减小两根导线形成的环路面积,例如将其以双绞线的形式连接,就可以大大降低差模电流产生的辐射在总辐射中占的比例。而共模电流在所有导体包括屏蔽层中的流动方向相同,再经过接地网络返回,其辐射环路包围面积很大且不受控,因此,很小的共模电流可以产生很强的共模发射信号。同样幅值的共模电流所产生的干扰强度可能达到幅值相同的差模电流所产生干扰强度的 1000 倍。

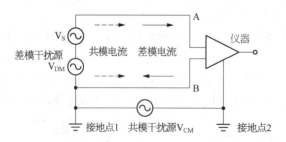

图 2-5 共模干扰与差模干扰的回路

共模干扰和差模干扰的电流都很容易测量,如图 2-6a 所示,根据其电流方向的差异,将信号回路的两根导线同时同向穿过电流探针,由于差模电流在两根导线中的方向相反,故相互抵消,所测得的电流等于共模电流的 2 倍。测量差模干扰电流时(图 2-6b),需要将信号回路中的两根信号线一正一反地穿过电流探针,则两根导线中的共模电流因反向而相互抵消,所测得的电流就是差模电流的 2 倍。根据所测得的电流值很容易算出共模电流和差模电流的大小。

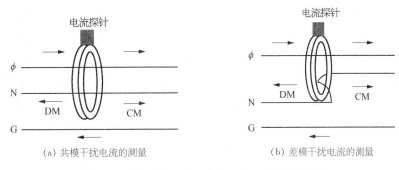

(a) 共模干扰电流的测量　　　　　　　　　(b) 差模干扰电流的测量

图 2 - 6　共模干扰电流和差模干扰电流的测量方法

需要指出的是,信号回路的双线对地的电特性不一定会完全平衡,因此其对地电位也可能不同,从而在信号回路中形成电位差,所以共模干扰有可能也成为差模干扰。在电力电子装置中,差模噪声主要由开关变换器的高 $\mathrm{d}i/\mathrm{d}t$ 脉动电流引起;共模噪声则主要由较高的 $\mathrm{d}u/\mathrm{d}t$ 和杂散参数间相互作用而产生的高频振荡引起。

2.2　电磁干扰的传播与耦合

2.1 节对干扰源进行了简单分类,也对常见的人为干扰中辐射干扰和传导干扰的成因进行了分析。本节将深入分析电磁干扰的传播机理,即干扰源是如何将干扰能量通过各种途径以不同的方式传递到敏感设备上。一般来说,能量从干扰源传递到敏感设备有两种方式:传导耦合和辐射耦合。传导耦合是在频率比较低的情况下,干扰源与敏感设备之间存在完整的电路连接,电磁干扰可以通过导线传输,如当打开空调时,室内的电视机瞬间变暗,这是因为大量电流流向空调,电压急剧下降,使用同一电源的电视受到影响所致;再如使用吸尘器时,收音机会出现噼里啪啦的杂音等。辐射耦合是在频率比较高的情况下,电磁干扰通过其周围的媒介以电磁波的形式向外传播,如当摩托车从附近道路通过时,电视就会出现雪花状干扰,这是因为摩托车点火装置的脉冲电流产生了电磁波,被附近的电视天线、电路感应,产生了干扰电压或电流。

事实上,电磁干扰的传播并不是相互独立的,通常情况下,传导耦合与辐射耦合共同存在,只是其中一种传播方式会占主导作用。本节先详细介绍电磁场的基本理论,在理解电磁场的概念后,再深入分析具体的传导干扰和辐射干扰的耦合机理。

2.2.1　电磁场的概念

电荷在任何电路元件(包括导体)中运动时,都会辐射电磁场。一个场的特性取决于场源、场源周围的媒介以及场源与观测点之间的距离。在靠近场源的观测点,场的性质主要取决于场源的特点;而在远离场源的观测点,场的性质主要取决于传播媒介。据此,一个辐射源周围的空间区域可以根据距离的远近分为如图 2 - 7 所示两个区域。辐射源附近的区域是近场或感应场,当距离大于 $\lambda/(2\pi)$ 时是远场或辐射场,而 $\lambda/(2\pi)$ 附近的区域是近场和远场的过渡区域。

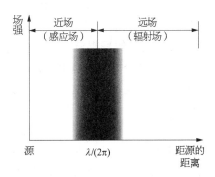

图 2 - 7　辐射源周围的空间区域划分

离场源足够近的空间属于近场的区域,近场包括静电场和静磁场。场源性质决定该近场是电场还是磁场。在高电压小电流的场源附近,如一段垂直天线附近,主要是电场;而在低电压大电流的场源附近,如电流线圈附近,主要是磁场。因为这种电场或磁场的强度计算可依据静电场和稳定磁场的计算方法,所以称其为静电场和静磁场。但是实际上其场强随场源而变,并使近场中的电子设备产生感应噪声,所以其性质实际上属于感应场,对外不辐射能量。

远场也称为辐射场。离场源足够远的空间属于这种电磁场的区域,其特性主要由传递电磁场的介质来决定。辐射场的场强与场源强度(电流强度等)有关,而且与频率成正比,频率越高,辐射场越强。感应电磁场处于辐射场和静电场、静磁场之间的过渡区域,场的性质比较复杂。

在辐射场内,电磁强度 E 与磁场强度 H 之比是一个常数,等于传播介质的波阻抗,空气或自由空间的波阻抗为 $Z_0 = E/H = 377\,\Omega$。在近场区域,这个比值取决于场源的特点以及观测点离场源的距离。如图 2-8 所示,当场源具有高电压和小电流特点时,电压起主导作用,$E/H > 377\,\Omega$,近场主要为电场;当场源具有低电压和大电流特点时,电流起主导作用,$E/H < 377\,\Omega$,近场主要为磁场。随着距离的加大,电场强度和磁场强度以不同的速度衰减,直到逐渐接近远场自由空间的波阻抗。

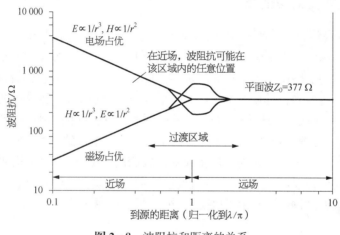

图 2-8 波阻抗和距离的关系

从电场或磁场的角度研究噪声或干扰较为麻烦,为了简化电路性质的处理,许多场合中可以用集中参数(电容和电感等)来分析回路性质。而当电路尺寸(如传输线长度)接近信号波长时,便要考虑电磁场的波动特性,对电流和电压沿线路发生的变化必须予以考虑,可将局部电路用集中参数来表示,整个电路用分布参数的电路来研究。

2.2.2 传导耦合机理

传导耦合可以将电磁干扰能量以电压或电流的形式,通过进入导线、电阻、电容及电感而耦合至敏感设备。因此,传导耦合通常可以分为电阻性耦合、电容性耦合和电感性耦合。相应地,在分析传导耦合机理时,可以运用电路理论进行处理。

2.2.2.1 电阻性耦合

电阻性耦合是最常见也是最简单的传导耦合方式。例如可控硅调速装置中存在的严重高频干扰可以通过导线传递给电动机,印刷电路板受潮后引起线间绝缘强度降低易发生干扰等。电阻性耦合意味着干扰电压、电流可以通过导线直接耦合或通过电源线和地线的公共阻抗进行传播耦合,其基本电路模型如图 2-9 所示。

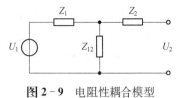

当左侧电路有电压 U_1 作用时,该电压经过 Z_1 阻抗加到公共阻抗 Z_{12} 上。当电路 U_2 开路时,左侧电路耦合到右侧电路的电压为

图 2-9　电阻性耦合模型

$$U_2 = \frac{Z_{12}}{Z_1 + Z_{12}} U_1 \qquad (2-1)$$

当 Z_{12} 为无穷大时,根据式(2-1)可以得到 $U_1 = U_2$,这就是直接传导耦合。

如果公共阻抗 Z_{12} 发生变化,系统模型的特性也会发生相应的改变。当多个设备或元件使用同一电源供电时,电源的内阻及它们所共用电源线的阻抗就成为这些设备或元件的公共阻抗;当多个设备或元件使用同一条接地线接地,则地线的阻抗也会成为这些设备或元件的公共阻抗。所以电阻性耦合相应地分为公共地阻抗耦合和公共电源内阻耦合。

1) 公共地阻抗耦合

如图 2-10 所示,电路 1 和电路 2 两个电路的地电流流过一个公共阻抗,当电路 1 由于某些原因导致地电流 1 发生变化时,在公共地阻抗就会有一个压降;而这个压降通过公共地线又会加到电路 2 的输入端,就可能会对电路 2 造成干扰,这就是公共地阻抗耦合。

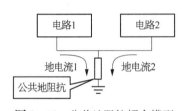

图 2-10　公共地阻抗耦合模型

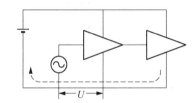

图 2-11　放大电路常见公共阻抗耦合

在放大器前后级中也存在公共阻抗耦合问题,如图 2-11 所示。放大器前后级之间由于共用了一段地线,结果后级放大器的信号耦合进了前级的输入端,如果满足一定的相位关系,就形成了正反馈,使得放大器自激,造成系统紊乱甚至发生错误。

2) 公共电源内阻耦合

如图 2-12 所示,电路 1 和电路 2 共用同一个电源。由于电阻内阻及公共线路阻抗的存在,当线路 1 中电路 I_1 发生变化时,总电流 $(I_1 + I_2)$ 的变化使得总回路电源发生变化,致使电路 2 的电压也受到影响,这就是公共电源内阻耦合。

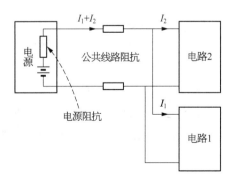

图 2-12　公共电源内阻耦合模型

实际上,无论是公共接地阻抗还是公共电源阻抗,其内阻与频率有关。干扰信号频率较低时,它基本等同于连接线的电阻;而干扰的信号频率较高时,它基本上等同于连接线的等效电感,对应的耦合效率也会随着干扰频率的升高而增加。例如有一段导线或者印刷电路板走线时产生的公共阻抗,即使电阻值和电感值比较低,由于电磁干扰的频率较高,公共阻抗上的电压 $L\mathrm{d}i/\mathrm{d}t$ 也会比较大,更容易发生耦合。只有公共阻抗为零时,噪声源的干扰电压对敏感设备才没有影响。

2.2.2.2 电容性耦合

电容性耦合也称电场耦合,是指敏感设备处于干扰源所产生的电场中,受该电场的影响而产生的电荷的感应和电荷的变化。一般来说,基于电场耦合的方式主要是通过设备或系统的信号电缆之间、设备内部的电路元件之间、导线之间及导线和元件之间的分布电容来进行描述。

图 2-13 所示为两根平行导线之间的电容性耦合。其中 C 为线路 1 和线路 2 之间的耦合电容,线路 1 上的信号电流或噪声电流可以通过分布电容将信号能量或噪声能量耦合到线路 2 中,其等效的电路模型如图 2-14 所示。

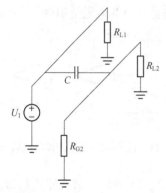

图 2-13 两根平行导线之间的
电容性耦合

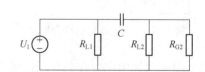

图 2-14 两根平行导线之间的电容性
耦合等效电路

根据其等效电路图,线路 2 上产生的电压与线路 1 上电压的关系为

$$U_2 = \frac{R_2}{R_2 + X_C}U_1 = \frac{j\omega CR_2}{1 + j\omega CR_2}U_1 \tag{2-2}$$

其中

$$R_2 = \frac{R_{L2}R_{G2}}{R_{L2} + R_{G2}}, \quad X_C = \frac{1}{j\omega C} \tag{2-3}$$

当耦合电容很小时,式(2-2)可以简化为

$$U_2 \approx j\omega CR_2U_1 \tag{2-4}$$

即电容性耦合的作用相当于在线路 2 与地之间连接了一个幅值为 $j\omega CU_1$ 的电流源。

当考虑到电路与大地之间的容性关系时,上述等效模型则变为图 2-15,等效电路如图 2-16 所示。

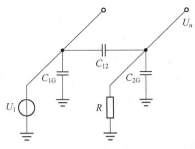

图 2 - 15 两根平行导线之间的
实际电容性耦合

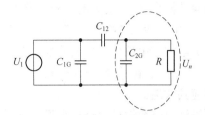

图 2 - 16 两根平行导线之间的实际
电容性耦合等效电路

此时线路 2 上电压为

$$U_n = \frac{R_2}{R_2 + \frac{1}{j\omega C_{12}}}U_1 = \frac{j\omega C_{12}R}{1 + j\omega R(C_{12} + C_{2G})}U_1 \qquad (2-5)$$

式中

$$R_2 = \frac{R\frac{1}{j\omega C_{2G}}}{R + \frac{1}{j\omega C_{2G}}} = \frac{R}{1 + j\omega C_{2G}R} \qquad (2-6)$$

显然耦合电压的大小和线路 1 电压的频率有关,当频率较高时,

$$R \gg 1/[\omega(C_{12} + C_{2G})] \qquad (2-7)$$

此时

$$U_n = \frac{C_{12}}{C_{12} + C_{2G}}U_1 \qquad (2-8)$$

当频率比较低时,

$$R \ll 1/[\omega(C_{12} + C_{2G})] \qquad (2-9)$$

此时

$$U_n = j\omega C_{12}RU_1 \qquad (2-10)$$

根据上述关系式,两根导线电容性耦合的频率特性如图 2 - 17 所示。

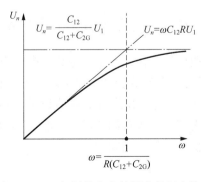

图 2 - 17 两根导线电容性耦合的频率特性

电容性耦合在电磁干扰中是比较常见的一种耦合,在实际电路中也普遍存在。除了导线间的电容性耦合之外,电力电子开关器件工作时高频脉冲电位的变化也会通过分布电容感应到大地,产生对地高频噪声电流。同样,开关电源变压器一次侧和二次侧之间存在分布电容,又将开关电源中电位变化最大的变压器一次侧电位(含高频噪声)传递到二次侧,与大地形成二次侧的共模电流。输出整流电路对地也存在分布电容,也会将输出整流电路中的高频噪声电位感应到大地。

所以针对电容性耦合路径来说,系统间的耦合部分的布置应尽可能使耦合电容小,可以采用增大间距、减少导线长度、避免平行走线等措施;同时在设备布线、印刷电路板走线中要加以重视。

2.2.2.3 电感性耦合

电感性耦合也称磁场耦合。在两个及两个以上导体形成的带电系统中,如果一个导体回路中流有电流,在其周围空间产生的磁场就会与相邻的另一个导体回路相交链,产生磁链,形成磁耦合。当磁场随时间变化时,由于电磁感应,在该导体回路交链的磁链将在该导体回路中产生感应电压,反之亦然。由此说明这两个导体回路可以通过磁场耦合方式相互作用和相互影响,在电路上可以用互感的概念描述磁场耦合。

图 2 - 18 所示为两根平行导线之间的电感性耦合,图 2 - 19 为其对应的等效电路。其中 M 为线路 1 和线路 2 之间的互感,通常取决于干扰源和敏感设备中的环路面积、方向、距离以及两者之间有无电磁屏蔽等。

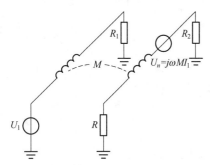

图 2 - 18　两根平行导线之间的
电感性耦合

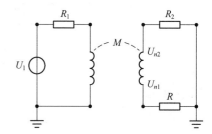

图 2 - 19　两根平行导线之间的
电感性耦合电路模型

根据电路相关分析

$$U_{n1} = j\omega M I_1 \frac{R}{R + R_2}, \ U_{n2} = j\omega M I_1 \frac{R_2}{R + R_2} \tag{2-11}$$

可以看到,线路 1 对于线路 2 造成的干扰相当于在电路 2 中串联了一个电压源 $j\omega M I_1$。

电感性耦合程度主要由干扰源电流的变化所决定。当干扰源回路中的电流发生快速变化时,必然在其周围产生大的磁场,从而在其附近的敏感设备上感应出干扰电压。值得注意的是,干扰源和敏感设备之间有无直接连接对耦合没有影响,并且无论干扰源和敏感设备对地是隔离还是非隔离的,感应的干扰电压都是相同的。

2.2.3 辐射耦合机理

辐射耦合是指干扰能量以电磁波形式通过空间传播形成的耦合,它与传导耦合的明显区别在于,传导耦合是以导线、器件作为传输通道的干扰,而辐射耦合是以自由空间传播的一种电磁波干扰。辐射耦合通常分为三类:天线对天线的耦合、场线耦合和孔缝耦合。

1) 天线对天线的耦合

在实际工程中,存在大量的天线电磁耦合,除了常规天线本身的耦合,还存在许多等效的天线耦合。例如信号线、控制线、输入和输出引线等,特别是高压输出端,它们不仅可以向空间辐射电磁波,也可以接收空间来波,从而具有天线效应,形成天线辐射耦合。

2) 场线耦合

在电气或电子系统中,电缆或导线用于连接不同的系统,并实现系统之间能量与信息的有效传输。随着数字设备和集成电路的广泛应用,电子设备、系统对雷电或开关操作引起的瞬态电磁场特别敏感。这些电缆或导线受到瞬变辐射场,会产生感应电压或电流,并沿着回路形成干扰,称为场线耦合。

3) 孔缝耦合

当电磁波传播到孔缝时,如非金属设备外壳、金属机箱上的孔缝、电缆的编织金属屏蔽体等,会感应产生电压和电流并进入设备进行干扰。

2.3 常用的抗干扰元器件

针对电磁环境中的电磁干扰,有必要采取各种措施对其加以抑制。通常是利用能够衰减相应电磁噪声的元器件,例如,利用电容两端的电压不能突变特性,将电容并联到敏感电路中以抑制其电压尖峰;利用电感中的电流不能突变特性,将电感串联到敏感回路中可以抑制瞬变电流;利用电阻的能耗作用来消耗回路中的电流,抑制振荡;利用变压器的电磁隔离作用,将两个回路进行隔离;利用二极管在反向击穿过程中电流显著增大但电压几乎不变的特点进行稳压;等等。正确地利用各自具有抗扰特性的元器件及其组合,将干扰电压、电流进行旁路、吸收、隔离、衰减乃至完全消除,是电磁兼容领域中的重要研究内容。由于实际的元器件都不是"理想的",它们的实际特性与理论上的元器件特性有明显偏差,而这些无源器件的实际特性对器件性能和电磁兼容性能都会造成一定的影响,因此,本节会重点介绍电容器、电感器、电阻器、铁氧体这几种主要无源器件的相关特性,以及它们在电磁兼容中的应用。

2.3.1 电容器

两块金属电极之间夹一层绝缘介质,就构成一个电容,当在两金属电极间加上电压时,电极上就会存储电荷,所以电容器是储能元件。其电容量主要由电极的面积、间距以及绝缘介质的介电常数决定。电容器在电路瞬变过程中的充放电作用,可以实现对信号的耦合、微分和积分作用;同时由于电容器存储电荷不能突变,故电容器具有两端电压不能突变的特性,被大量运用在滤波电路中,实现对干扰信号的去耦和旁路。

图 2-20 为电容器的实际等效电路,除了电容量 C 之外,还有引线所形成的串联等效电感 L_s 和串联等效电阻 R_s,以及反映漏电流的并联电阻 R_p。对于高品质的电容,其并联电阻 R_p 的阻值通常非常高,可以忽略其存在。串联等效电阻和电感的存在,不仅会降低电容输出电流能力,还影响其高频性能。图 2-21 电容器的频率特性就很直观地体现出电容器的实际性能。对于理想电容器而言,其工作频率越高,等效阻抗 $1/\omega_c$ 就越低,可以将高频噪声完全旁路掉。但是实际电容器的串联等效电感 L_s 的存在,使得电容器的总阻抗随着频率的升高而先降低,在 L_s 和 C 的谐振频率点阻抗值达到最低,此时旁路效果最好,此后随着频率的继续升高,电

容器的总阻抗又随之升高,开始呈现出电感的阻抗特性,其旁路效果也开始变差。因此,当噪声频率确定时,可以通过计算来选择电容器的容量,使其谐振频率刚好等于噪声信号频率,从而得到最好的滤波效果。

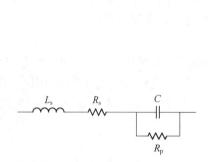

图 2 - 20　电容器的实际等效电路

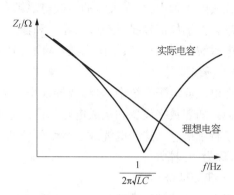

图 2 - 21　电容器的频率特性

电容器的性能除了电容量之外,还主要受串联等效电感、介质损耗和绝缘电阻等影响。电容的种类有很多,常见的有电解电容、瓷片电容、钽电容、云母电容、涤纶电容和聚苯乙烯电容等,不同类型的电容器的适用频率、介质损耗和绝缘电阻都不同,应根据实际应用需求进行选取。

电容器的串联等效电感主要取决于电容器的种类和引线长度,引线越长,电感越大,电容的谐振频率也就越低。因此,实际应用中应使电容器的引线尽可能短,并以此为原则将电容安装和连接到电路中。还可以尽量选择等效串联电感较小的电容类型,例如涤纶电容、聚苯乙烯电容、云母电容和陶瓷电容等,其中等效串联电感最小的是陶瓷电容。此外,穿心电容和片状电容的等效串联电感也非常低,适用于更高频率的滤波。图 2 - 22 是穿心电容的结构图和安装示意图,其外壳是电容的一端,另一端则以穿心的形式直接连接滤波前后的信号,省去了引线电缆,非常适用于将电容器一端接地的滤波场合。

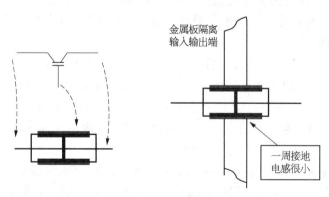

图 2 - 22　穿心电容的结构图和安装示意图

当需要在很宽的频率范围内滤波时,应选用不同谐振频率的电容并联使用,如电容大、体积小的铝电解电容,与一只电容值为 $0.1 \sim 0.47\ \mu F$ 的涤纶电容,以及一只数百皮法的陶瓷电容并联。这样在低频和高频都能对不同频率的噪声信号起到旁路作用。不同介质电容器的电容量会随着工作电压变化,因此需要在使用电压或电容量上留出充分的裕度。

需要注意的是,根据电容的定义,任何两个彼此绝缘又相距很近的导体,就组成一个电容器。由此可知,电气电子设备中的分布电容几乎无处不在,例如电阻两端的分布电容、绕组的匝间电容、高压导线对地的分布电容等,这些分布电容引起的耦合、谐振等,是产生电磁干扰的原因之一。在低频场合时,分布电容的电容值很小,可以完全忽略。

2.3.2　电感器

导线本身就具有电感,若这段导线是弯曲的,其电感量就会进一步增加,将导线绕成线圈后就成为名副其实的电感了。电路中大多数导线都会形成闭合回路,这就无形中形成一个线圈,因此回路中的导线和元器件的引脚等都会形成杂散电感。

根据电感内部是否填充铁磁材料,电感可以分为空心电感和含磁芯电感。空心电感的线圈中没有磁性元件,形成的电感量很小,但是电感量不会随频率变化而饱和。含磁芯电感是将线圈围绕磁性元件绕制而成,具有比较大的电感量,其根据工作频率选择磁芯、线圈绕法及匝数,否则将出现磁饱和,导致电感值降低。

含磁芯电感的磁芯又有闭合磁芯和开放磁芯之分。开放磁芯可以通过调节开放部分的空气隙长度使磁通发生改变,进而方便地调节电感量,且更不容易饱和,但是开放磁芯在空气隙处产生的漏磁通,会在电感周围产生较强的磁场,对周围电路产生干扰。此外,开放磁芯电感对外界的磁场也非常敏感,容易拾取外界噪声而增加电路敏感度。所以电磁兼容要求比较严格的场合,为了避免漏磁通引起的电磁干扰,应尽可能使用闭合磁芯。

电感的多匝绕组的匝间存在分布电容,实际电感器的等效电路如图 2-23 所示,是由电感 L、串联电阻 R 和分布电容 C 组成,而电感通常是用导线或电缆绕制而成,故串联电阻很小,通常可以被忽略。等效并联电容的存在,会导致电感的高频特性发生显著变化,如图 2-24 所示,理想电感的阻抗随着频率的升高而线性增大,但是并联电容的存在导致电感器的实际阻抗在超过特征频率达到最大值后,反而随着频率的升高而减小。因此,想要电感器保持较好的电感特性,其工作频率最好不超过其谐振频率。

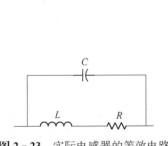

图 2-23　实际电感器的等效电路

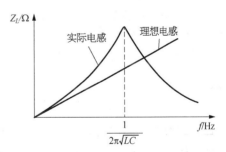

图 2-24　电感器的频率特性

为了改善电感的高频特性,需要尽量减小寄生电容,常见的方法是尽量减少线圈的匝数、改进多层线圈的绕制方法等。通常低频电感的绕法是绕完第一层后往回绕,这样两层绕组之间的寄生电容量最大,若绕完一层后再回到首段继续按照同一个方向绕制,则可以明显减小电感器的总寄生电容。

2.3.3　电阻器

电阻器简称电阻,在电路中起降压或限流作用,是一种耗能元件,在某些场合中能对电磁干扰起到抑制作用。所有电阻器都会产生噪声电压,表现为两个引出端电位的不规则波动。

这种电压是源于热噪声、散粒噪声和接触噪声等,且热噪声源于电阻体内载流子浓度的变化是不可避免的,因此总噪声电压等于或稍大于热噪声电压。噪声小是电阻器质量优良的标志之一。

固定电阻器可以分为三种基本类型:线绕式、薄膜式和合成式。绕线式电阻器的电感量较大,常用于低频场合,其噪声最小。合成式电阻器是由许多分离的颗粒组成,不仅有热噪声,还有接触噪声,故其噪声最大。薄膜式电阻器由材料更均匀的不同材质的薄膜制成,其噪声比合成式电阻器小很多。

电阻器的等效电路同图 2-23,但通常电阻值较大,且等效串联电感和并联分布电容都很小,只有在频率很高的情况下才会呈现出电感性或电容性。在需要精确阻性元件时,可以进行频率补偿:当电阻器呈容性时,采用电感与之串联;当电阻器呈感性时,则采用电容与之并联。在需要高功率宽频率范围的电阻器时,如高压脉冲电源的阻性假负载和电力电子电路中用来吸收电压或电流尖峰的缓冲电路,电阻的串联电感应尽可能小,而且功率较大时需要温度特性好的电阻器,此时最好采用金属膜电阻器并尽可能缩短引线,或采用无感绕制法的绕线电阻。

2.3.4 铁氧体

铁氧体是绝缘陶瓷中的一大类,它由氧化铁、氧化钴、氧化镍、氧化镁以及一些稀土氧化物等组成。相对于铁磁材料而言,铁氧体在高达数吉赫兹范围内都具有很高的电阻率,这大大降低了涡流损耗,因此,在高频场合铁氧体仍具有广泛的应用。

铁氧体材料成本低廉,可以非常方便地将高频阻抗耦合到电路中,在显著抑制高频噪声的同时,还不影响低频信号,在电子电路中是一种非常常见的抗干扰手段。图 2-25a 所示为一个小的圆柱形铁氧体磁珠套在一根导线上;图 2-25b 是其等效电路,由一个电感与一个电阻串联,电阻和电感值取决于频率,电阻源于铁氧体的高频磁滞损耗;图 2-25c 是铁氧体磁珠常用的表示符号。

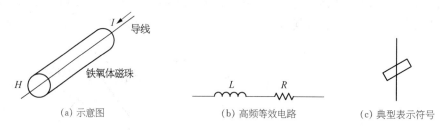

(a) 示意图　　　　　　(b) 高频等效电路　　　　　　(c) 典型表示符号

图 2-25　导线上的铁氧体磁珠

铁氧体可以绕多匝使用,其阻抗和匝数的平方成正比。只是匝数过多的话,匝间电容的存在会减小铁氧体的高频阻抗。因此,实际使用中匝数很少超过 3 匝,大部分降噪应用的铁氧体都只用单匝。抑制噪声用的铁氧体通常是圆柱形磁芯和卡扣式磁环,铁氧体的圆柱长度越长,阻抗越高。一个长的圆柱形磁芯等效于多个铁氧体磁环。小的铁氧体磁珠套在开关管引脚上或信号线上,可以非常有效地抑制电路中开关瞬变或寄生谐振产生的高频振荡。此外,铁氧体元件还经常用在差模滤波器和共模扼流圈中。

2.4　浪涌抑制器件

浪涌(electrical surge)也称突波,指瞬间出现的超出正常工作值的强烈脉冲,它包括浪涌电压和浪涌电流。电气、电子设备可能因为雷击、操作过电压而承受浪涌电压(电流),所以必须采用浪涌抑制器件对敏感电路加以保护,通过电压钳制、电流分流的原理将浪涌能量尽可能地吸收、消耗,使其降低到电路、设备能承受的水平。最常用的浪涌抑制器件有气体放电管(gas discharge tube,GDT)、压敏电阻(varistor)和瞬态电压抑制器(transient voltage suppressor,TVS)三种。此外,正温度系数(positive temperature coefficient,PTC)和负温度系数(negative temperature coefficient,NTC)的热敏电阻也可用作浪涌抑制的辅助器件。

2.4.1 气体放电管

气体放电管是一种开关型过压防雷保护元器件,广泛应用于防雷工程的第一级或第二级保护上,常与限压型防雷保护器件组合应用。不论是各种信号电路的防雷还是交直流电源的防雷,都可以借助气体放电管将强大的雷电流泄放入大地,从而保护电子线路免遭雷电的冲击。

气体放电管外形呈圆柱形,内部是由一个或多个充有惰性气体的放电间隙构成的密闭器件。常见的气体放电管有两电极和三电极两种,分别用于两线间或两线对地的浪涌保护。直插封装或贴片封装的气体放电管的实物图如图 2-26 所示,其电气符号如图 2-27 所示。

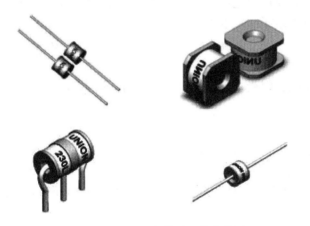

图 2-26 常见的气体放电管实物图

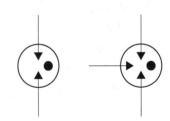

图 2-27 两电极与三电极气体放电管的电气符号

气体放电管的工作原理是,利用气体的绝缘特性,当两端电压低于其直流击穿电压时,相当于开路,漏电流可完全忽略;当两极间电压足够高时,气体间隙被击穿产生弧光放电,两极间被短路,由原来的绝缘状态转化为导电状态,此时两极间维持的电压很低,一般在 20~50 V,因此可以起到保护后级电路免遭高压冲击的效果。

气体放电管的工作电压特性如图 2-28 所示,图中虚线为浪涌电压波形,当浪涌电压超过

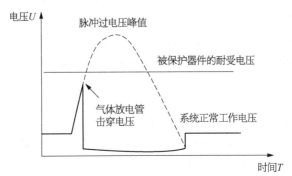

图 2-28 气体放电管的工作电压特性曲线

气体放电管的击穿电压时,气体放电管击穿导通,把电压迅速拉到很低的值(通常远低于系统正常工作电压),从而保护后级电路免受浪涌电压的冲击。

气体放电管可以承受高达 $100\,\mathrm{kA}$ 的浪涌电流冲击,绝缘阻抗普遍高达 $1\,\mathrm{G\Omega}$ 以上,结电容低至 $2\,\mathrm{pF}$ 以下,特大通流量气体放电管的结电容也仅有几十皮法,且气体放电管的直流击穿电压可选范围很宽,从几十伏至几千伏,而且不易老化,可靠性高。但是气体放电管的具体电气性能与气体种类、内部电极结构、气体压力、制作工艺等因素密切相关,其击穿电压误差较大,通常在 30% 以内,且响应时间较慢,通常在百纳秒量级。

简而言之,陶瓷气体放电管的主要优点是:浪涌防护能力强,结电容低,绝缘阻抗高;其主要缺点是:响应时间较慢,动作灵敏度不够高。

1)气体放电管的主要参数

(1)直流击穿电压。也称直流火花放电电压,是指施加缓慢升高的直流电压情况下,气体放电管火花放电时的电压。

(2)脉冲击穿电压。也称最大冲击火花放电电压,是指施加规定上升率和极性的冲击电压,在放电电流流过气体放电管之前,其两端子间的电压最大值。

(3)标称冲击放电电流。指给定波形的冲击电流峰值,一般为 $8/20\,\mu s$ 的脉冲电流波形,为气体放电管的标称冲击放电电流额定值。

(4)耐冲击电流寿命。衡量气体放电管耐受多次冲击电流的能力,其在一定程度上反映了气体放电管的稳定性及可靠性。

2)气体放电管的使用注意事项

(1)气体放电管的直流击穿电压选取应该参考电路的工作电压,直流击穿电压的下限值必须高于电路中的最大正常工作电压,才能不影响电路正常工作。

(2)确保气体放电管的冲击击穿电压值低于电路中所能承受的最高瞬时电压值,方可起到保护作用。

(3)气体放电管导通后电压较低,不能单独应用于较高的电源线保护,可以在气体放电管上串联压敏电阻或可恢复保险丝等限制续流的问题。

(4)气体放电管的保持电压应尽可能高,以保证电路中工作电压不会引起持续导通现象。当电路中的过电压消失后,要确保气体放电管及时熄灭,否则会影响电路的正常运行。

(5)根据线路中可能窜入的冲击电流强度,确定所选用放电管必须达到的耐冲击电流能力。一般浪涌测试波形的上升时间为微秒级的脉冲波形,如 $8/20\,\mu s$ 的短路电流波形和 $10/700\,\mu s$ 的开路电压波形,与气体放电管脉冲击穿电压测量的电压上升速率 $1\,000\,\mathrm{V}/\mu s$ 在一个数量级,如采用 $10/700\,\mu s$ 的波形测试 $4\,000\,\mathrm{V}$,气体放电管的脉冲击穿电压要小于 $4\,000\,\mathrm{V}$,这样在测试时气体放电管才能导通。

(6)要根据电路设计布局选择封装形式。气体放电管封装的大小反映其防护等级大小,封装越大,耐冲击电流的能力越强,防护等级就越高。气体放电管由于击穿电压误差大,一般不并联使用。

2.4.2 压敏电阻

最常见的压敏电阻是金属氧化物压敏电阻(metal oxide varistor, MOV),它包含由氧化锌颗粒与少量其他金属氧化物或聚合物间隔构成的陶瓷基片,夹于两金属片状电极之间,然后加上引脚和封装,如图 2-29 所示。氧化锌颗粒与邻近氧化物交界处会形成二极管效应,由于有大量杂乱颗粒,使得它等同于一大堆反向串并联的二极管,当电路正常工作时,它处于高阻状态,只有很小的逆向漏电电流,不影响电路的正常工作。当两端电压超过其阈值电压时,压敏电阻发生雪崩击穿,且迅速由高阻状态变为低阻状态,泄放由异常瞬时过电压导致的瞬时过电流,同时把异常瞬态过压钳制在一个安全水平之内,从而保护后级电路免遭异常瞬时过电压的损坏。因此,压敏电阻的电流-电压特性曲线具有高度的非线性,即低电压时电阻高、高电压时电阻低。如图 2-30 所示,压敏电阻具有对称的伏安特性曲线,通常并联在电路中,流过压敏电阻的电流会随压敏电阻两端电压的增大呈指数规律增大。由于金属氧化物压敏电阻对电压变化反应灵敏,这种特性使其可作为常用的电子、电气设备的限压型保护元件,用于吸收异常电压、雷击浪涌等。

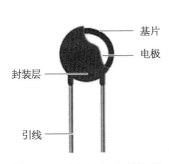

图 2-29　压敏电阻的结构图

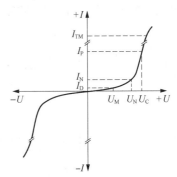

图 2-30　压敏电阻的伏安特性曲线

1) 压敏电阻的主要参数

(1) 标称压敏电压 U_N。通常在压敏电阻上通过 1 mA 直流电流时的电压称为压敏电压 (U_N),压敏电压也常用符号 U_{1mA} 表示。压敏电压的误差范围一般是 ±10%。在试验和实际使用中,通常把压敏电压从正常值下降 10% 作为压敏电阻失效的判据。

(2) 通流容量 I_P。也称通流量,是指在规定的条件(规定的时间间隔和次数,施加标准的冲击电流)下,允许通过压敏电阻器上的最大脉冲峰值电流。

(3) 最大持续工作电压 U_M。指压敏电阻能长期承受的最大交流电压(有效值)U_{ac} 或最大直流电压 U_{dc}。一般地,$U_{ac} \approx 0.64 U_{1mA}$,$U_{dc} \approx 0.83 U_{1mA}$。

(4) 最大钳位电压 U_C。也称最大限制电压,指给压敏电阻施加规定的 8/20 μs 波形且能承受最大脉冲峰值电流 I_P 时压敏电阻两端的电压峰值。

(5) 残压比。压敏电阻动作时,通过压敏电阻的某一电流值所对应的电压称为这一电流值的残压。残压比则是残压与标称压敏电压之比。

(6) 漏电流 I_D。也称待机电流,是指在规定的温度和最大直流电压下,流过压敏电阻的电流。测量漏电流时,通常给压敏电阻加上 $U_{dc}=0.83U_{1mA}$ 的电压(有时也用 $0.75U_{1mA}$)。一般要求静态漏电流 $I_D \leqslant 20$ μA(也有要求 $\leqslant 10$ μA 的)。

(7) 最大冲击电流 I_{TM}。指以特定的脉冲电流(8/20 μs 波形)冲击压敏电阻器一次或两次(每次间隔 5 min),使得压敏电压变化仍在 10% 以内的最大冲击电流。

(8) 静态电容量。指压敏电阻器本身固有的结电容容量。

压敏电阻具有较高的瞬时脉冲吸收能力,但该能力比气体放电管小,一般应用于交流输入端的防雷保护。由于压敏电阻的电涌吸收能力取决于它的物理尺寸,可通过定制不同大小的压敏电阻获得不同的瞬态浪涌电流值。

压敏电阻的结构决定了其结电容较大,一般在几百到几千皮法,因此压敏电阻不宜直接应用在高频信号线路的保护中,即便应用在中低频交流电路的保护中,也需要充分考虑其结电容所导致的漏电流增加。

压敏电阻的响应时间为数十纳秒,比气体放电管快,比瞬态电压抑制器慢,一般情况下用于电子电路的过电压保护时,其响应速度可以满足要求。

压敏电阻的工作电压特性如图 2-31 所示,与图 2-28 类似,图中虚线为浪涌电压波形,当浪涌电压超过气体放电管的击穿电压时,压敏电阻开始动作,把电压迅速稳定在某个电压值,该电压通常高于系统的正常工作电压,且低于被保护器件的耐受电压,从而保护后级电路免受浪涌电压的冲击。相对于气体放电管而言,压敏电阻更适合用于电源线的保护。

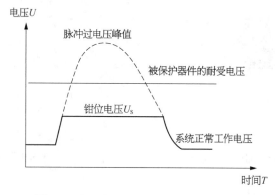

图 2-31 压敏电阻的工作电压特性曲线

2) 压敏电阻的选型依据

(1) 压敏电压的计算。一般可用 $U_N = K U_{ac}$ 计算,其中 K 为与电源质量有关的系数,一般取 $K = 2 \sim 3$,电源质量较好的城市可取小些,电源质量较差的农村(特别是山区)可取大些;U_{ac} 为交流电源电压的有效值。对于 220~240 V 交流电源防雷器,应选用压敏电压为 470~620 V 的压敏电阻较合适。选用压敏电压高一点的压敏电阻,可以降低故障率,延长使用寿命,但残压略有增大。

(2) 通流容量的计算。压敏电阻的通流容量应大于要求承受的浪涌电流最大值。许多情况下,最大浪涌电流难以确定,可以直接选用 2~20 kA 的压敏电阻,必要时还可以将多个压敏电阻进行并联使用,以提高其通流容量。压敏电阻并联使用时,一定要严格挑选参数一致的(例如 $\Delta U_{1mA} \leqslant 3$ V)进行配对,以保证电流的均匀分配。

由于压敏电阻具有较大的寄生电容,用在交流电源系统中时会产生较大的泄漏电流,性能较差的压敏电阻使用一段时间后,因泄漏电流变大可能会发热自爆。解决措施是在压敏电阻之间串入气体放电管,且两者的击穿电压均要高于工作电压。电源线路的典型浪涌保护电路如图 2-32 所示,将压敏电阻与气体放电管串联,由于气体放电管寄生电容很小,可使串联支路的总电容减至几个皮法。在这个支路中,气体放电管起到一个开关的作用,没有暂态电压时,它能将压敏电阻与系统隔开,使压敏电阻几乎无泄漏电流。但这样会使反应时间变慢,为各器件的反应时间之和。假定压敏电阻的反应时间为 25 ns,气体放电管的反应时间为 100 ns,则两者串联使用的反应时间为 125 ns。温度保险管应与压敏电阻有良好的热耦合,当压敏电阻失效(高阻抗短路)时,其所产生的热量把温度保险管熔断,使失效的压敏电阻与电路分离,

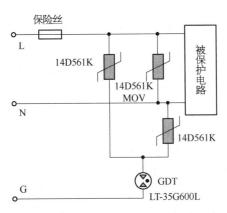

图 2-32 电源线路的典型浪涌保护电路

确保设备的安全。

2.4.3 瞬态电压抑制器

瞬态电压抑制器(TVS)也称硅瞬变吸收二极管,是一种特殊的二极管雪崩器件。其工作原理和齐纳二极管类同,特性、符号和齐纳二极管相同,所不同的是 TVS 具有更大面积的 PN 结。另外它的反向特性为典型的雪崩型,在雪崩击穿时具有低动态阻抗和低钳位电压,当 TVS 的两极受到反向瞬态浪涌电压冲击时,它能以亚纳秒量级的速度进入雪崩击穿,将其两极间的高阻抗变为低阻抗,流过 TVS 的电流由原来的反向漏电流急剧上升,迅速吸收高达数千瓦数量级的浪涌功率,使两级间的电压稳定在钳位电压 U_c,有效地保护电子线路元器件免受各种形式浪涌脉冲的损坏,其后随着脉冲电流按指数衰减,TVS 两极的电压也不断下降,最后恢复到起始状态。这就是 TVS 抑制浪涌、保护设备的全过程。

TVS 具有响应时间快、瞬态功率大、漏电流低、体积小、钳位系数小等优点,有单向和双向之分,交流电路一般采用双向 TVS 进行过压抑制,直流线路通常采用单向 TVS 进行保护。当单个 TVS 的耐压不够时,可用多个 TVS 串联提高钳位电压,同时需要外接均压电阻;当单个 TVS 的通流能力不够时,可用多个 TVS 并联提高其吸收功率,同时需要串联均流电阻。正确的 TVS 串并联接法如图 2-33 所示。串联管的最大电流决定于所采用管中电流吸收能力最小的一个,而峰值吸收功率等于这个电流与串联管电压之和的乘积。所以通常采用同一型号的 TVS 进行串并联使用。TVS 的缺点是浪涌通流能力不高,结电容容量大。

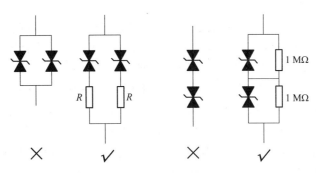

图 2-33 TVS 串并联接法对比

1) 瞬态电压抑制器(TVS)的主要参数

(1) 最大反向漏电流 I_D 和额定反向关断电压 U_{WM}。U_{WM} 是 TVS 最大连续工作的直流或脉冲电压,当这个反向电压加入TVS的两极时,TVS处于反向关断状态,流过它的电流应小于或等于其最大反向漏电流I_D。

(2) 最小击穿电压U_{BR}和击穿电流I_R。当TVS流过规定的电流I_R(通常是1 mA)时,加入TVS两极间的电压为其最小击穿电压U_{BR}。当TVS两端电压低于U_{BR}时,TVS是不导通的。按TVS的V_{BR}与标准值的离散程度,可把TVS分为$\pm5\%U_{BR}$和$\pm10\%V_{BR}$两种。对于$\pm5\%U_{BR}$来说,$U_{WM}=0.85U_{BR}$;对于$\pm10\%V_{BR}$来说,$U_{WM}=0.81U_{BR}$。

(3) 最大钳位电压U_C和最大峰值脉冲电流I_{PP}。当持续时间为$20\mu s$的脉冲峰值电流I_{PP}流过TVS时,在其两极间出现的最大峰值电压为U_C。U_C和I_{PP}反映了TVS的浪涌抑制能力。U_C与U_{BR}之比称为钳位因子,其值一般在1.2~1.4之间。

(4) 最大峰值脉冲功耗P_M。P_M是TVS在规定的试验脉冲波形冲击下,能承受的最大峰值脉冲耗散功率。在给定的最大钳位电压下,功耗P_M越大,其浪涌电流的承受能力越强。另外,峰值脉冲功耗还与脉冲波形、持续时间和环境温度有关。而且TVS所能承受的瞬态脉冲是不重复的,器件规定的脉冲重复频率(持续时间与间歇时间之比)为0.01%,如果电路内出现重复性脉冲时,短时间内脉冲功率的累积有可能使TVS损坏。

选取TVS时,首先要确定被保护电路的最大直流或连续工作电压、电路的额定标准电压和最大可承受电压。TVS的额定反向关断电压U_{WM}应大于或等于被保护电路的最大工作电压。若选用的U_{WM}太低,器件可能进入雪崩或因反向漏电流太大而影响电路的正常工作。TVS的最大反向钳位电压U_C应小于被保护电路的损坏电压。在规定的脉冲持续时间内,TVS的最大峰值脉冲功率P_M必须大于被保护电路可能出现的峰值脉冲功率。在确定了TVS的最大钳位电压后,其峰值脉冲电流应大于瞬态浪涌电流。

2) 瞬态电压抑制器(TVS)的使用注意事项

(1) 瞬变电压的吸收功率(峰值)与瞬变电压脉冲宽度间的关系。TVS数据手册只提供特定脉宽下的吸收功率(峰值),而实际线路中的脉冲宽度难以确定,因此TVS选型时要对脉宽进行估计,对宽脉冲应降额使用。对小电流负载的保护,可在线路中人为增加限流电阻,只要限流电阻的阻值适当,就不会影响线路的正常工作,但限流电阻对干扰所产生的电流却会很好地抑制,这使得选用峰值功率较小的TVS来对小电流负载线路进行保护成为可能。

(2) 作为半导体器件的TVS,要注意在环境温度升高时需要降额使用。特别要注意TVS的引线以及它与被保护线路的相对距离应尽可能短。当没有合适电压的TVS供采用时,允许用多个TVS串联使用。

(3) TVS的结电容是影响它在高速线路中使用的关键因素。在这种情况下,一般用一个TVS与一个快恢复二极管以背对背的方式连接,由于快恢复二极管有较小的结电容,因而两者串联的等效电容也较小,可满足高频使用的要求。

气体放电管(GDT)、金属氧化物压敏电阻(MOV)、瞬态电压抑制器(TVS)作为防浪涌或防瞬变干扰最常用的三种器件,三者的响应时间依次越来越快,瞬间通流容量逐渐降低,而且MOV容易损坏。TVS的工作电压特性曲线和压敏电阻类似,同属于钳位型过压防护器件,其钳位电压通常高于电路的正常工作电压,与GDT略有不同。在交流电源防雷电干扰电路及其装置一般是三者的组合。如图2-34所示,对于48 V的直流线路进行防浪涌设计时,输入端先采用压敏电压为82 V的压敏电阻并联在输入端口,并且低电平经过90 V的气体放电管接到大地上,防止线路受到雷电的冲击。压敏电阻之后经过电感L退耦合,再接入击穿电压为58 V的双向TVS对线路间的电压进一步钳位,将压敏电阻过高的残压进一步拉低,保护后续电路免受浪涌电压的冲击。电感 L 的作用是确保压敏电阻早于 TVS 先动作,使 MOV 先吸收大部分浪涌功率,然后再由 TVS 进一步吸收残余的浪涌功率,从而避免通流能力最低的 TVS 首先受到浪涌的冲击而短路损坏。

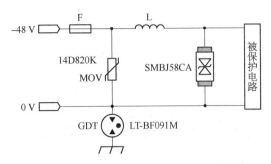

图 2 - 34　直流线路的防浪涌保护电路设计

思考题

1. 静电的危害有哪些? 如何抑制静电危害?

2. 雷电的危害有哪些? 如何抑制雷电冲击造成的危害?

3. 辐射干扰的形成包含哪些主要因素,如何抑制?

4. 如何抑制传导干扰?

5. 气体放电管、瞬态电压抑制器和压敏电阻的性能有何差异?

第 3 章

电磁兼容测试技术

本章内容

　　本章基于电磁兼容测试的重要性,介绍了电磁干扰多种测试的原理与方法,包括电气电子设备自身产生的传导和辐射干扰强度测试,以及抵抗外部干扰能力的测试,并详细介绍了对电磁兼容测试环境、场地和设备的要求。最后介绍了几种对测试场地和设备要求较低、简单易操作的电磁兼容预测量。

本章特点

　　本章从测试方法、测试要求入手,介绍了电磁兼容性能预测量的方法。本章内容为提高设备的电磁兼容性能提供了实际可行的测试方法。

3.1　电磁兼容测试方法

电子设备的运行状态不仅与自身的电磁兼容性能有关,还会受到实际的电磁环境的影响。而电磁环境复杂、干扰路径不明确、影响因素众多,加上电路设计过程中直接忽略了元器件的寄生参数、元器件之间的相互耦合以及这些因素对实际电路的影响,这导致干扰源到敏感设备的耦合路径无形中被人为地从理论上切断。因此,仅凭电磁学理论分析和计算很难去评价设备和系统的电磁性能是否满足要求,还需要进行具体的电磁兼容试验和测量才能确定。迄今为止,没有任何领域像电磁兼容这样强烈地依赖于试验和测量。电磁兼容测试是电子设备符合电磁兼容要求的最终检验,因此,电磁干扰试验和测量技术是电磁兼容学科重要和关键的组成部分。

电磁兼容测试主要是在环境噪声极低的场所,利用天线、信号源、电压探头、电流探头和功率吸收钳等辅助设备和手段,通过适当的测试方法对电子产品或电气设备所产生的电磁干扰强度及其对电磁噪声的抗扰度进行测试,以此评估该产品的电磁兼容性能。

所有的电子产品和设备在进入市场前,都需要进行电磁兼容性能测试,各项性能指标达到电磁兼容标准后才能通过相应认证,从而可以自由投放到市场。电磁兼容的测试技术涉及多个参数,按照测试目的分为以下三类。

1) 电磁干扰测试(EMI 测试)

主要测试产品工作时所产生的电磁干扰,包括传导干扰测试和辐射干扰测试。

2) 电磁抗扰度测试(EMS 测试)

主要测试产品对电磁干扰的敏感程度,即抗扰度,包括传导抗扰度测试和辐射抗扰度测试。1982 年,加拿大政府发布了一个电磁兼容性咨询公告(EMCAB-1),定义了电子设备抗扰度的三个等级,规定如下:

(1) 符合 1 级(1 V/m)的产品可能出现性能下降。

(2) 符合 2 级(3 V/m)的产品不太可能出现性能下降。

(3) 符合 3 级(10 V/m)的产品只有在非常恶劣的环境下才可能出现性能下降。

3) 电磁环境监测(EME 测试)

主要测试特定环境下的电磁环境特性,包括传导型沿线电磁环境监测和辐射型空间电磁环境监测。电子设备的使用场合不同,所需要满足的标准也会有所差异。美国联邦通信委员会(FCC)规定,相对于普通 A 类设备而言,更可能位于广播和电视接收机附近的 B 类数码设备允许发射的噪声强度大约低了 10 dB。

下面主要介绍电子产品自身所产生的电磁干扰测试和对外界噪声的电磁抗扰度测试这两大类测试。

3.1.1　电磁干扰测试

电磁干扰测试主要针对电子产品或电路自身所产生的电磁干扰强度进行测试,根据电磁干扰的传导路径,电磁干扰测试分为传导干扰测试和辐射干扰测试。

1) 传导干扰测试

雷电或静电引起的自然噪声,或各种工作中的电子电气设备所产生的电磁噪声,会通过电力线或信号线传导到其他与之相连接的设备,从而形成传导干扰,这些传导干扰可能是多种瞬态的或尖峰形式的。传导干扰的特点是需要以控制线、信号线等电缆线作为载体,且噪声频率通常在 30 MHz 以下,超过此频率的电磁噪声将以电磁波的形式向线路周围的空间辐射,成为辐射干扰,而不是传导干扰。

传导干扰主要是基于电缆线进行传播的,因此,传导干扰发生时,通常需要先排查电源及后续电路中的滤波情况,例如电源出口处是否使用了滤波器,滤波器的安装、接地情况,滤波器参数设置是否合理,经过滤波器的导线与其他内部电路之间是否存在耦合关系等。

传导干扰测试通常在电磁屏蔽室里进行,主要是根据电磁兼容标准针对待测设备(equipment under test,EUT)的具体规定条款,对功率大小、交流还是直流、应测试的频率范围等,利用测试系统对各种导线中的差模干扰和共模干扰进行测试,确定产生最大电磁干扰发射幅度的工作频率和电缆位置,将测试结果与电磁兼容标准的先大致进行比较,即可确定产品是否满足要求。

传导干扰测试系统包括线路阻抗稳定网络(line impedance stabilization network,LISN)、电磁干扰提取装置、接地平板、噪声极低的"干净"三相电源,以及用来测试及观测电磁干扰的频谱特性和时域特性等的衰减器、干扰接收机、示波器和频谱仪。其中,电源阻抗稳定网络用来隔离从电网传导过来的电磁干扰,电磁干扰提取装置用来从线路上分离出干扰信号,三相电源用来给测试系统、EUT 和支持设备单独供电。传导电磁干扰的测试方法如图 3 - 1 所示。

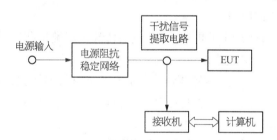

图 3 - 1 传导电磁干扰的测试方法

测试时,要先确定产生最大电磁干扰发射幅度的 EUT 的工作频率和电缆位置,这样才能更准确地在这个位置对感兴趣的频率范围的传导电磁噪声进行测量。通常采用电流探头法对 10 kHz 以下的干扰信号进行直接测量;对于频率在 10 kHz～30 MHz 范围的干扰信号,则采用电源阻抗稳定网络法进行测量;对于更高频的信号可以用功率吸收钳或定向耦合器来进行测量。

由于传导干扰信号的频率较低,它在电子产品内部电路间的传播主要通过电场耦合或磁场耦合的方式进行。通过以下的简单方法即可判断传导干扰是通过电场耦合还是磁场耦合,将相应电缆所连接的负载断开,如果干扰电压小时,则是磁场耦合;如果干扰电压继续存在,则为电场耦合。在明确干扰信号的耦合场形式后,可以采用相应的滤波、屏蔽等手段对其加以抑制。

2) 辐射干扰测试

干扰源所产生的高频干扰以电磁能量的形式发射到空间中并传播,被周围的电子设备的天线或线路等吸收,当被扰设备吸收的电磁能量超过一定值时就会影响该设备的正常运行。而辐射干扰测试的目的就是测量被测试设备所辐射到空间中的电磁能量是否超过标准规定的限制,并加以控制。

辐射干扰测试通常在开阔场地或满足屏蔽要求的屏蔽室内进行,由于环境噪声极低的开阔场地很难寻找,所以绝大多数干扰测试都是在电磁屏蔽室中进行,具体屏蔽室种类在 3.2.2 节有详细介绍。辐射发射测试主要可分为磁场辐射发射和电场辐射发射,两者的特征频段不同,测量时采用的天线也不同。

辐射干扰测试原理如图 3-2 所示,EUT 摆放在带有可 360°旋转圆盘高度为 0.8 m 的桌子上,按照工作状态正常运行且匀速旋转,在 3 m 或 10 m 远的测试天线可以在垂直方向的一定范围内上下移动和改变极化方向,寻找 EUT 的最大噪声辐射方向,记录最大辐射场强,该最大辐射场强就是在这个频率点上的记录值。因此,扫描天线可以接收 EUT 在不同方向和不同高度的辐射场强,并通过电缆将天线接收到的电磁信号输入到电磁屏蔽室外控制室的预放大器和接收机,经过相应的分析处理得到被测件辐射干扰的分布情况和不同频率点的最大发射值。

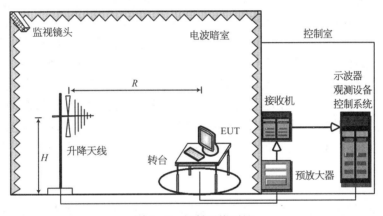

图 3-2 辐射干扰测试

根据电磁兼容标准针对 EUT 的具体规定条款,对发射场强进行测试分析后,测试结果与电磁兼容标准的先大致进行比较,即可确定产品是否满足辐射干扰的要求。

值得注意的是,根据被测设备的大小及标准要求,电波暗室的大小、测试天线和被测设备之间的距离 R 和天线高度 H 的要求均会有所不同。对于尺寸超过电波暗室规定的电器设备可通过虚拟电波暗室进行测量。

3.1.2 电磁抗扰度测试

根据电磁兼容的标准要求,电路设备不仅自身产生的干扰强度要低于限值,同时还必须具备一定的抗电磁干扰能力。抗扰性能是指存在传导或辐射电磁干扰的情况下,器件、设备或系统运行功能不被劣化的能力,电路设备抵抗工作环境中电磁干扰的能力称为电磁抗扰度,有时也称为电磁敏感度。设备对电磁噪声越敏感,其抗扰性能就越差,就越容易受干扰而产生误动作,甚至发生故障。电磁抗扰度测试主要针对电子产品或电路抵抗环境中的电磁干扰程度进行测试,根据环境中干扰源对电子产品或电路产生的电磁干扰的传导路径(传导干扰或辐射干扰),电磁抗扰度测试可分为传导干扰抗扰度测试和辐射干扰抗扰度测试。

电磁抗扰度测试的基本原理如图 3-3 所示,通过干扰信号发生器来模拟产生电器设备工作环境中的各种电磁噪声,通过天线辐射到 EUT 附近,或直接通过电源线、信号线施加到 EUT 上,观察这些电磁干扰对 EUT 所产生的影响。

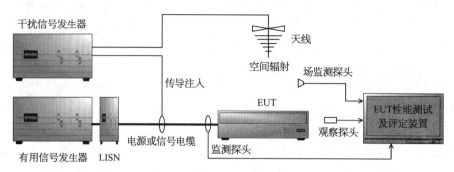

图3-3 电磁抗扰度测试原理图

3.1.2.1 传导干扰抗扰度测试

传导抗扰度测试主要测试 EUT 对耦合到其输入电源线、互连线以及机壳上干扰信号的承受能力。进行传导抗扰度测试时,将干扰信号发生器所产生的模拟电磁干扰直接加到电器设备的电源线或信号线上(图3-3),也可通过耦合装置耦合到电源线或信号线上,同时观察 EUT 的工作状态,而其他所有与 EUT 连接的线路都通过 LISN 来隔离。所施加的干扰信号类型主要分为连续波干扰和脉冲类干扰,其中连续波通常为正弦波。传导抗扰度测试项目有很多,根据 IEC 推荐的测试标准,主要测试项目包括静电放电抗扰度测试,电快速瞬变脉冲群抗扰度测试,浪涌抗扰度测试,工频磁场抗扰度测试,电压跌落、暂降和变化抗扰度测试,衰减振荡波抗扰度测试和射频传导抗扰度测试等,本节只简要介绍上述前三种测试的基本原理。

1) 静电放电抗扰度测试

静电放电抗扰度也称静电放电敏感度,这项测试是通过模拟操作人员、器械接触电器设备时的放电或器械对邻近物体的放电,来考察被测设备抵抗静电放电干扰的能力。静电放电包括空气放电和接触放电,通常多选用接触放电。用如图3-4a 所示静电放电枪来产生图3-4b所示静电放电标准波形,放电电极直接接触 EUT 的导电表面和耦合平面进行放电测试,放电电压值通常不超过8 kV,而对 EUT 的绝缘表面则采用空气放电实验,典型放电电压值可高达15 kV。

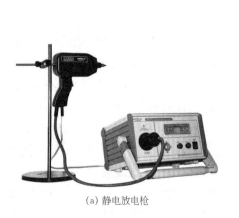

(a) 静电放电枪

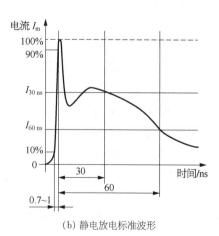

(b) 静电放电标准波形

图3-4 接触放电原理图

2）电快速瞬变脉冲群抗扰度测试

电感性负载（如继电器、接触器等）断开时，由于开关触点间隙的绝缘击穿或触点弹跳等原因，在断开处会产生暂态干扰，这种暂态干扰以脉冲群的形式出现。其暂态能量较小，但频谱很宽，可使设备产生误动作，仍然会对电子、电气设备的可靠工作造成影响。电快速瞬变脉冲群抗扰度测试，就是模拟这类电快速瞬变脉冲群耦合到电气和电子电源端口、信号和控制端口的试验，用来评估电气和电子设备对瞬变脉冲群干扰的抗干扰能力。电快速瞬变脉冲（electrical fast transient，EFT）由一系列重复出现的周期或非周期的纳秒脉冲构成，如图 3-5 所示。根据电磁兼容测试的相应标准规定，脉冲的极性可正可负，上升时间为 5(1±30%) ns，脉冲宽度为 50(1±30%) ns，每个脉冲群持续时间为 15 ms，相邻脉冲群间隔为 300 ms。根据试验等级的差异，脉冲电压的峰值为 0.25～4 kV。

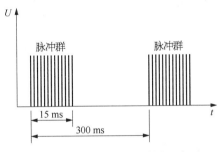

图 3-5　电快速瞬变脉冲群示意图

3）浪涌抗扰度测试

雷击是日常生活中常见的物理现象，电气电子设备的雷击浪涌试验对于评定设备的线路在遭受高能量脉冲干扰时可以提供参考依据。浪涌抗扰度测试就是依据电磁兼容标准，模拟雷击或电源系统开关闭合、切断引起的干扰，评价电器设备遭受电源和线路上能量干扰的抗干扰能力。按照《电磁兼容　试验和测量技术　浪涌（冲击）抗扰度试验》（GB/T 17626.5—2019）规定，根据试验环境及安装条件的严酷程度，可将浪涌测试试验分为 4 个等级：等级 1 对应有较好保护的环境，例如工厂或者电站的控制室；等级 2 对应有一定保护的环境，例如无强干扰的工厂；等级 3 对应普通的电磁干扰环境，对设备没有规定特殊安装要求，例如普通安装的电缆网络、工业性的工作场所和变电所；等级 4 对应有严重干扰的环境，如民用架空线、未加保护的高压变电所。浪涌测试的不同试验等级对应测试电压见表 3-1。在进行浪涌抗扰度测试时，先根据 EUT 的实际使用和安装条件进行布局和配置，然后根据产品要求选定试验电压的等级和试验部位，并考虑浪涌波的注入与交流电源电压同步，通过浪涌信号发生器将浪涌高压加到线与线或线与地之间，观察 EUT 的抗浪涌性能。由于抗浪涌试验具有破坏性，试验中需要确保试验电压不超过规定值。

表 3-1　浪涌抗扰度测试试验等级对应测试电压

试验等级	开路试验电压（±10%）/kV	试验等级	开路试验电压（±10%）/kV
1	0.5	3	2.0
2	1.0	4	4.0

3.1.2.2 辐射干扰抗扰度测试

在电磁屏蔽效能不高时,不能完全屏蔽外界电场和磁场,电气和电子设备也会被环境中的强电场或磁场干扰,故要根据需要进行辐射抗扰度测量。辐射抗扰度测试主要考察 EUT 对空间辐射到线路和元器件中的电磁干扰的承受能力,观察是否会出现性能降低或故障等。干扰场可分为电场、磁场和瞬变电磁场。一般在干扰频率较低时可仅测试辐射磁场,在干扰频率较高时可仅测试辐射电场。辐射抗扰度测试原理是通过信号发生器产生所需的射频信号,并经过功率放大器放大后输入到发射天线,再辐射到 EUT 上,观察 EUT 的工作性能变化。

辐射磁场抗扰度测试时,通过天线产生给定频率和强度的磁场,并将 EUT 置于均匀磁场中,逐渐增加磁场场强,直至 EUT 工作发生异常。此时的磁场强度或磁通密度与频率的关系,就是 EUT 的辐射磁场抗扰度。

辐射电场抗扰度测试时,先通过电场天线产生一定频率和场强的辐射电场,并将 EUT 置于辐射电场中。电场抗扰度也可以采用脉冲电场模拟试验方法,用脉冲发生器产生脉冲电场进行测量。

试验应在 EUT 的不同方向上进行,当 EUT 在所有方向上都不发生误动作或数据不超过规定范围时,表明该设备的辐射抗扰度满足合格要求。

3.2 电磁兼容测试要求

电磁干扰以电磁波的形式存在,无法通过肉眼直接看到,必须借助相关测试探头和仪器,将电磁干扰信号以波形或频谱的方式展现出来,以更直观地了解电磁干扰的幅度和来源。本节先介绍电磁干扰的时域和频域的表示方式,以及它们之间的互换关系,再介绍测试环境及其要求,最后介绍常用的测试仪器。

3.2.1 电磁干扰的表示方式

根据电磁干扰的定义和表现特征,通常从干扰信号的时域或频域两个方向对其进行表示。表述方式不同,测量所选用的仪器和测量原理、要求也会有所差别。从频率角度出发,通常对于窄带干扰选择测量频率,而宽带干扰则测量频谱或频谱密度。从干扰信号的幅度来看,对于传导干扰通常测量干扰电压和干扰电流,对于辐射干扰则测量电场强度、磁场强度,辐射功率密度和干扰信号功率。

时域测量是测量干扰信号与时间有关的特性,例如干扰脉冲信号的幅值、波形、前沿、脉冲宽度和功率等。时域测量经常使用的仪器有记忆(存储)示波器、电压探头、电流探头、功率探头等。

频域测量是测量干扰信号与频域有关的特性,包括干扰信号的频谱、某一频率上的干扰电压或干扰场强等。频域测量使用的仪器有频谱分析仪、干扰场强仪、选频电压表等。频谱分析仪是一种将电压幅度随着频率变化的规律显示出来的仪器,它克服了示波器在测量电磁干扰中的缺点,可以精确测量各个频率上的干扰强度。

由于电磁干扰既可以在时域测量,也可以在频域测量,因此,这两种测量指标之间必定存在某种对应关系。例如,时域的上升时间和频域的带宽就是最常见的一组对应指标。脉冲信号的上升时间越快,相应频域中的频率带宽就越宽。幅值从 10% 上升到 90% 对应的上升时间 t_r 和带宽 $-3\,\mathrm{dB}$ 处剪切频率 B 的对应关系如下:

$$t_r = \frac{0.35}{B}$$

(3-1)

这个对应关系有利于选择测量仪器和测量方法。例如,希望准确地测量一个具有 1 ns 上升时间的信号,示波器或频谱分析仪的一3 dB 处带宽至少要 350 MHz。

3.2.2　测试环境与要求

1) 测试环境

每个电磁兼容测试项目都要有特定的测试场地,而辐射发射和辐射抗扰度测试对测试场地的要求最为严格。测试场地可分为开阔场地和密闭室两大类,电磁兼容密闭室包含屏蔽室、电波暗室、横电磁波传输小室和吉赫兹横电磁波室。

(1) 开阔测试场地。开阔测试场地有两种,椭圆形场地和圆形场地,场地要空旷、平整、远离建筑物、电力线、地下电缆、地下管道、树木等,背景电磁辐射比测试电平低 6 dB 以上,且在测试场地内不能有其他的反射物。天线和受试设备间的距离:3 m、10 m、30 m。地面用金属接地平板,包括钢板、金属网板等,若用金属网板,孔径的最大尺寸不超过 $\lambda/10$。

城市中的开阔测试场地一般建于高楼顶上,受到背景电磁噪声的影响,无法满足国家标准中的测试条件(背景电磁噪声电平比测试电压低 20 dB 以上)。另外,开阔场地受气候条件的影响很大,在有雨、雪、雾、风、烈日等气候条件下,无法进行测量。因此,实际中更多是在电波暗室等密闭室内进行电磁兼容测试。

(2) 屏蔽室。为了避免测试场地的电磁场辐射到周围环境中或者外部电磁场进入测试场地干扰测试,应将整个工作间屏蔽起来。能对射频电磁能量进行衰减的封闭室称为屏蔽室。屏蔽室通常是用金属板(网)做成的六面体房子,其中五面(包括屏蔽门)敷有吸波材料,屏蔽效果在 100 dB 以上,地平面用金属材料避免地下金属物体等辐射源引起的强散射。传导干扰测试必须在屏蔽室中进行,可作 3 m 法和 10 m 法测量。

图 3-6 是尺寸为 19.6 m×12.4 m×7.5 m 的电磁兼容屏蔽室。为了实现良好的电磁屏蔽效果,屏蔽室墙体和天花板都是用金属板(网)材料,屏蔽室的门则采用刀型弹性接触式结构,通风窗则用截止波导式结构网孔。为了实现屏蔽的连续性,金属板接缝处要进行焊接、拼装,接缝处加导电衬垫等做连续性处理。

屏蔽室作为一种密闭的电磁兼容测试场地,可以较好地屏蔽环境噪声以及 EUT 所产生的辐射干扰,有利于提高测量精度、可靠性和改善重复性。但是,EUT 在屏蔽室中产生的干扰信号会在屏蔽室的六个面产生无规则的漫反射,甚至导致在屏蔽室内形成驻波而产生较大的测量误差,对辐射干扰测量和辐射抗扰度测量的影响尤为突出,因此屏蔽室不适合用作测量高频干扰。

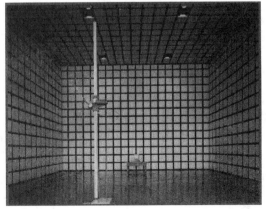

图 3-6　电磁兼容屏蔽室

（3）电波暗室。为了进一步避免屏蔽室内的反射干扰，可以在屏蔽室的各个面加上吸波材料，抑制干扰信号的反射，这种各个平面都带吸波材料的屏蔽室就是电波暗室。电波暗室又称为电波消声室或电波无反射室，它包含全电波暗室和半电波暗室两种。电波暗室的屏蔽效果在 100 dB 以上，可以进行数百兆赫兹以上频率的电磁兼容测试，其造价也非常昂贵，连同测试设备需要 1 000 多万元。

全电波暗室又称为微波电波暗室，室内六面均贴有吸波材料，模拟自由空间传播环境，可充当标准天线的校准场地。半电波暗室在地面以外的五面都贴有吸波材料，可模拟开阔试验场地，即电波传播时只有直射波和地面反射波。大多数电磁兼容测量都在半电波暗室里进行。

吸波材料是电波暗室很重要的构成部分，吸波材料对入射波的反射率越低，其吸波性能越好。因此，吸波材料通常做成尖劈型以减小电波反射率，尖劈越长，频率越高，反射率越小。但是吸波材料太长，既占空间、又易变形，因此，通用的做法是将角锥状吸波材料粘贴在双层铁氧体砖上形成复合吸波材料以缩短吸波材料的长度，因为铁氧体片可以补偿吸波材料在低频端的性能。

半电波暗室的地面应尽可能平整，接地线和电源线要靠墙脚布设，并用良好接地的金属管加以屏蔽，且暗室和控制室的供电系统应彼此独立，且有各自的滤波器或阻抗稳定网络。

（4）横电磁波传输室。横电磁波传输室（transverse electromagnetic transmission cell，TEM Cell）是 20 世纪 70 年代中期由美国提出的一种传播横电磁波的金属封闭室，外形为上下两个对称梯形，可以像电波暗室一样屏蔽外部环境的噪声，并且自身就能产生测试场强的电磁波，因此带宽不受使用天线实际带宽的限制，其测量尺寸约在设计最小工作波长的 1/4 范围内，其只能进行数百千赫兹及以下频率的电磁兼容测试。这种小室的优点在于体积很小，结构简单，易于搬运，成本较低。

（5）吉赫兹横电磁波室。吉赫兹横电磁波室（giga hertz transverse electromagnetic cell，GTEM Cell）是一个纵向锥形、横向矩形的同轴线系统，如图 3-7 所示，传输球面波，锥形角度很小，可近似为平面波，终端用吸波材料吸收电磁波，用一个电阻网络作为电流负载。大工作区空间很大，可用于较大型设备的测量，例如 34 英寸彩电。小工作区内可产生很强的电磁场，可以进行 0～3 GHz 的电磁兼容测试。

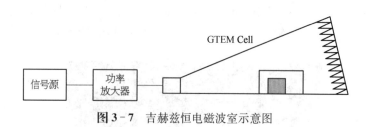

图 3-7 吉赫兹恒电磁波室示意图

2）测试基本要求

电磁兼容实验室无论规模大小，都必须满足如下基本要求：

（1）电磁兼容实验室必须洁净，没有无关物品，仅专门用于电磁兼容测量。实验室附近（至少 3 m 范围内）没有空调压缩机等噪声源。

（2）有一个由金属制成并可靠连接大地的地参考平面，且电磁兼容实验室内的所有金属物体必须可靠接地或加以清除。按照 EUT 尺寸的不同，可以放在一个工作台上，也可以放在地面上，都要求地平面比 EUT 测试系统的边缘延伸出足够大的尺寸，以构成传导性参考平面,代替墙上交流插座的参考地。

(3) 电源系统必须"净化",在电源进入电磁兼容实验室之前需要正确接入滤波器或阻抗稳定网路,避免从电源线引入电网中的高频噪声等,影响测量结果。

(4) 尽可能满足屏蔽的要求:即使是传导干扰测试,也应尽可能避免开阔场地中的其他辐射场源影响被测试的电缆线,并在电缆线上感应出不属于 EUT 的噪声。所以,除了初始阶段的摸底测试外,权威性的或最终的电磁兼容测试,均应在正式的电磁兼容测试实验室内进行,这样的实验室能完全隔绝外界噪声。

(5) 电源线或负载接线、测试仪器仪表接线要避免交叉,避免干扰。

3.2.3　测试仪器和设备

在进行传导和辐射干扰的测试中,常用的测试仪器和设备有以下几种:

(1) 扫频式频谱分析仪。其测试频率范围为 $10\,kHz \sim 1\,GHz$,灵敏度足够高,具有可选择的中频带宽($10\,kHz \sim 100\,kHz$)。若 EUT 的频率很高,频谱分析仪的频率范围则需要更宽。

(2) 前置放大器。主要是要求低噪声、足够的信号带宽,可以用来提高频谱分析仪的灵敏度。

(3) 线路阻抗稳定网络(LISN)。为 EUT 提供"纯净"的电源网络供电,将周围的电力线噪声与 EUT 完全隔离,确保所测量的噪声全部由 EUT 所产生。LISN 还提供了一个稳定的均衡阻抗,建立了公共的评价准则,使得测量工作可以在任何地点重复进行。

(4) 测试探头(也称探针)。包括电磁干扰电流探头、电压探头和功率探头,电场探针和磁场探针。使用时务必注意探头的带宽要足够高,才能获得准确的测试结果。

(5) 天线。一种富有导行波与自由空间波互相转换区域的结构。天线将电子转变为携带电磁能量的光子,或反之将携带电磁能量的光子转变为电子。辐射干扰测量根据所须测量的频率范围有各种不同形式的天线。天线特性用天线因子(antenna factor, AF)表示,天线因子定义为电场强度与电压的转换比,即 $AF = E_{in}/U_{out}$。常见的天线有喇叭天线、双锥天线和对数周期天线。

(6) 暂态限制器。旨在保护电磁兼容分析仪,以免在与 LISN 连接时,遭到大电压的破坏,尤其是当 LISN 所连接的 EUT 采用开关电源供应器时。

3.3　电磁兼容预测试

电磁噪声在当今社会中已经普遍存在,所造成的电磁干扰不仅会降低电气、电子设备工作的可靠性,还可能对人体或某些特殊材料造成危害,因此,任何一台设计良好的电子产品或电气设备都应当首先满足相关电磁兼容标准后,才能投放市场。然而,符合电磁兼容性规范的产品需要通过严格的指标测试。由于专门的电磁兼容测试实验室建造成本高昂,整套的电磁兼容测试费用也价格不菲,而且当某些指标达不到要求时,需要对整个设备进行优化甚至是重新设计,因此在产品设计完成后再考虑电磁兼容性,不仅会降低通过电磁兼容测试的成功率,还会大幅增加开发成本和延长开发周期。

为了更高效地使产品通过电磁兼容性能测试,在产品设计之初就应采取适当的措施对电磁干扰进行抑制,且在设计、研发和生产前后各个阶段都考虑产品的电磁兼容性,同时从产品研发一直到投放市场的多个环节还不断地进行简单的电磁兼容预测试,并根据测试结果及时调整和优化,使得产品通过电磁兼容测试的成功率大大提高。

常用的电磁兼容项目预测试的流程是：自行组建一个简单而符合基本测试规程要求的电磁兼容实验室，在研发、中试、产品定型等各个环节进行电磁兼容摸底测试，及时修正其间出现的电磁干扰问题，且保证测试结果具有较大的余量，以修正与专门电磁兼容实验室测试时环境和仪器等造成的偏差。待产品在自己组建的实验室测试完全通过，并在各种要求的指标上具有较大的余量后，再去专门的电磁兼容实验室进行正式测试。

预兼容测试的最基本要求是尽可能地接近标准要求的条件。由于场地限制加之测试设备和仪器的缺乏，可在普通电工实验室里进行的电磁兼容预测试主要包括传导干扰预测试、辐射干扰预测试、谐波和闪烁预测试以及静电放电敏感度测试。

1) 传导干扰预测试

测试条件：一台频谱分析仪、电缆和线路阻抗稳定网络、一个屏蔽房间和一张距地面 80 cm 的绝缘桌。如果没有屏蔽房间，可采用一个屏蔽帐篷来尽量降低环境噪声的影响。

具体测试方法在本书 3.1.1 节有详细介绍。测试实验室配置依据《EMC 测试设备和方法标准》(CISPR 16 - 1)组建，使用的设备必须符合《信息技术设备电磁兼容 EMC 标准》(CISPR 22 EN:55022)的要求。

这些设备主要包括：

(1) EUT(待测设备)。如果是台式的，必须安放在一个距地面 80 cm 高的绝缘桌上。

(2) 辅助设备。按正常使用方式连接，正确端接未使用的输入和输出，截短多余的电缆，或绕成直径 30～40 cm 的一卷。

(3) 频谱分析仪。在 0.15～30 MHz 的频率范围内应具有 9 kHz 的分辨率带宽。

2) 辐射干扰预测试

测试条件：1 台频谱分析仪、1 副天线、电缆和开放区域测试场地或电波暗室，为测量干扰功率而制作或采购的功率吸收钳。

具体测试方法在 2.1.1.2 节有详细介绍，对于上述所有测量，需要注意在评估结果时须将一些修正因子纳入考虑。对于所有测量装置，±4 dB 为接受的不确定区间；电缆衰减和连接器衰减也必须予以考虑。除此之外，相关电磁兼容标准所要求的其他因素也要予以考虑。

3) 谐波和闪烁预测试

要进行完全的谐波和闪烁测试，需要用到专用的谐波分析仪；若仅为评估这方面的性能，一台便携式谐波分析仪或一台能进行 FFT 评估的示波器就足够。这对于进行电子产品研发的早期和中期过程是非常便利、省时和降低测试成本的。

谐波和闪烁测试对环境方面没有要求。须将 EUT 连接到谐波分析仪的电源入口，并根据使用说明和标准要求进行测试即可。同样，测试设备会包含一些已有的设置，但工程师必须确认这些测试设置条件与自己产品的标准要求相符合。如果评估时使用其他方法(例如便携式电源谐波分析仪)，应仔细阅读相关标准和要求，然后再评估测量结果。

4) 静电放电敏感度测试

静电放电敏感度也指静电放电抗扰度。静电放电测试包括以下两个方面：

(1) 空气放电测试。当充电电极与 EUT 距离很近时，静电放电在充电电极和 EUT 之间产生电火花。可以将测试脉冲施加到 EUT 附近的水平或垂直耦合金属板上，引起金属板对 EUT 间接放电来完成空气静电放电测试。

(2) 接触放电测试。电极与接收设备(EUT)接触，通过对静电发生器电缆中的开关进行操作以产生静电放电。

通常更多选用接触放电来观察设备是否发生误动作,以及静电放电对电子、电气设备可靠工作产生的影响,进而评估电气和电子设备抵抗静电放电干扰的能力。

以上四种测试对仪器、场地和设备相对要求不高,大多数实验室都可以直接进行,能够帮助工程师快速预评估电气设备的电磁兼容性能。而电快速瞬变抗扰度测试、浪涌抗扰度测试、电源频率磁场抗扰度测试、电压骤降、短时中断与电压变化抗扰度测试则都需要专用设备,难以在实验室直接进行。但是,这些设备可从不同厂商买到,且这些测试项目使用的是高度专业化设备,工程师无需太多操作,只要正确连接 EUT 后监控 EUT,就可以顺利完成测试了。

思考题

1. 电磁兼容测试包含哪些类型?
2. 电磁兼容测试对环境有何要求?
3. 电磁屏蔽室和电波暗室有何差别?
4. 为何屏蔽室不适合用于辐射发生测量?

第 4 章

接 地 技 术

∧

本章内容

接地技术是电磁兼容技术的重要内容之一。本章详细阐述了接地的意义,介绍了单点接地、多点接地和混合接地等多种接地方法及其区别,并具体分析了地环路干扰的形成原因及抑制措施,还分别介绍了安全接地和信号接地及其要点,最后结合接地技术在电力工业中的实例进一步说明其具体应用。

本章特点

本章从接地的概念和不良接地可能造成的危害引入,介绍了几种主要的接地方式及其区别,并分别介绍了信号接地和安全接地的要点以及应用实例。

4.1 接地技术概述

接地技术是指把设备的负载或机壳搭接到一个基本结构上,为设备提供电位基准,在设备和基本结构之间建立低阻抗通路。接地是使未知噪声最小化和形成一个安全系统最主要的方法之一。接地技术最早应用于强电系统中,为了设备与人身安全,将地线直接接在大地上。随着电力与电子技术的发展,对接地的要求日益迫切,接地技术的研究也得以推进。电力电子设备中,如果接地不合理,会引入电磁干扰,例如公共地线干扰、地环路干扰等,从而造成电力电子设备的不正常工作,而良好的接地能够防护未知的干扰和发射。

1) 接地的概念

接地是指把电气或电子设备的负载或机壳搭接到一个安全的基准电位(通常是大地)上。地线是电子设备中所有电路的公共导线,它既可以为正常的电流信号提供通路,使电路正常工作,也可以为高频电压噪声信号提供低阻抗通路、旁路干扰信号。良好设计接地系统的一个优点是通常能防护未知的干扰和发射,对产品无需任何额外的单位成本。接地的基本目的是必须首先保证安全,其次是在安全的基础上正常地工作。接地技术的目标就是有效地完成上述要求。

不同的环境下对接地有不同的要求。在避雷系统中,主要是用插入地下的金属扦插;在交流配电系统中,是用一条绿色的安全线,或印制电路板(printed circuit board design,PCB)上一圈较粗的金属线,为信号提供一个返回电源的路径。

2) 接地分类

接地通常可以分为安全接地和信号接地。信号接地严格地说根本不为接地,而是返回,即信号或电源的返回。接地另一种分类为正常工作下载流接地(如信号接地)和不载流接地(如安全接地)。

还有一种分类情况是,若地线与设备的地盘或外壳相连为地盘接地,若通过低阻抗与大地相连则为大地接地。此外,在许多情况下安全接地要求的接地点不一定适合信号地,信号地可以与大地相连也可以不与地相连。

3) 接地的要求

(1) 接地平面应为电路中任何位置所有电信号的电位参考点,即零电位点。

(2) 理想的接地平面应为零电阻的导体,电流流过接地平面时没有压降,即各接地点之间没有电位差,或和电路中各功能点电位相比可以忽略不计。不同保护接地标准要求的接地电阻阻值通常在 $0.5 \sim 10\,\Omega$ 范围之间,绝大多数场合要求接地电阻应低于 $4\,\Omega$。

(3) 接地平面与布线间有较大的分布电容,而接地平面本身的引线电感比较小。

4) 接地导体

导线的直流电阻决定于导体的电阻率 ρ、导线的长度 L 和截面积 S,即

$$R_{\mathrm{DC}} = \rho\,\frac{L}{S}$$

圆形导线作接地导体时,其交流电阻一般受集肤效应的影响且和频率的平方根成正比。扁平导线作接地导体时,其交流电阻与其宽度与厚度之比和频率有关,一般描述为

$$R_{\mathrm{AC}} = K R_{\mathrm{DC}} \sqrt{f}$$

式中,K 为导体的宽度与厚度之比。

4.2 接地环路及地环路干扰

接地所带来的电磁兼容问题主要是地线干扰。有经验的设计者在分析干扰故障时,虽然知道要用示波器检查地线上的噪声电压,但是对这种噪声产生的原因并不是很清楚,结果往往是对噪声电压束手无策。为了解决这个问题,应用信号地并结合电路常识,就不难发现地线噪声带来的影响。

4.2.1 接地环路

地回路干扰是地环路中共模干扰电压在受害回路输入端引起干扰电压。理论上接地平面要能吸收所有信号,使设备能够正常工作,因此接地平面应选用低阻抗材料,并且有足够的长度、宽度和厚度,以保证其在任何频率上都呈现低阻抗。通常用于安装固定设备的接地平面是由整块铜板或铜网组成。

地环路干扰模型如图 4-1 所示,由欧姆定律可知,电流流过一个电阻时,就会在电阻上产生电压降。实际导体都有一定阻抗,接地地线也不例外,而且设计不当的地线的阻抗相当大,因此当电流流过地线时,就会在地线上产生电压。地线不是等电位体,不同的两个接地点之间存在一定的电位差称为地电压。该电压直接叠加于电路之中形成共模干扰电压,如图 4-2 所示。在设计电路时,往往将地线作为所有电路的公共地线,因此地线上的电流成分众多,电压也很杂乱,这就是地线噪声电压产生的根源所在。由于接地面的公共阻抗比较小,在电路性能设计时往往不予考虑,而对于电磁干扰或骚扰而言,回路中则必须考虑接地阻抗,地电流的计算公式如下:

$$I_G = \frac{U_G}{Z_G + Z_L + Z_C + Z_S} \tag{4-1}$$

式中,U_G 为干扰源电压;Z_G 为地阻抗;Z_L 为负载阻抗;Z_C 为线路阻抗;Z_S 为电源阻抗。

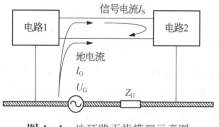

图 4-1 地环路干扰模型示意图

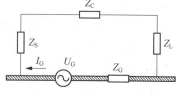

图 4-2 等效地环路

4.2.2 地环路干扰

抑制地环路干扰的主要技术有在设备间采用隔离变压器、光电耦合或光纤传输等方式来切断地环路干扰路径。隔离变压器比较适合低频干扰的抑制;光电耦合则适合数字信号的传输中的干扰抑制;而光纤传输无感硬性,且隔离度更高,常用于强干扰环境下弱信号的传输方式。此外在信号回路中采用中和变压器(共模扼流圈)抑制直流,低频干扰信号、在平行双线或同轴信号线上采用磁环以及差分放大器抑制零点漂移和共模干扰等方式。

4.3 信号地与接地策略

信号地通常定义为一个等电位点或面作为电路或系统的参考点电位,是电流返回电源的低阻抗路径。实际上,用作信号地的参考点或面并不等电位,且作为电流的返回路径,对电路或系统的辐射、发射和敏感性都有不可忽略的影响。信号接地的基本目的是使电流不中断的经由尽可能小的环路返回。

任意导线的阻抗为

$$Z_g = R_g + j\omega L_g \tag{4-2}$$

接地电压则可用欧姆定律表示为 $V_g = I_g Z_g$,该电压对连接同一地上的所有电路性能造成影响,使其最小化的方法为使接地阻抗最小化或者改变电路的接地路径,从而使接地电流最小化。信号接地系统由许多条件确定,包括电路类型、工作频率、系统大小、独立式还是分布式等。没有任一接地系统对所有的应用都适合,设计接地系统最终总是选择折中,使所设计的接地方式在应用中优点最大化、缺点最小化。信号接地方式分类如图 4-3 所示。

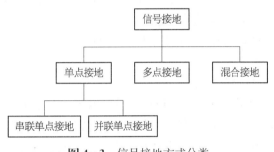

图 4-3 信号接地方式分类

4.3.1 单点接地

1）串联单点接地

串联单点接地方式的结构比较简单,如图 4-4 所示。该接地方式各个电路的接地引线比较短,其电阻相对小,因而常用于设备机柜中;如果各个电路的接地电平差别不大,也可以采用。然而串联接地方式中高电平电路会干扰低电平电路。通常地线的直流电阻不为零,特别是在高频情况下,地线的交流阻抗比其直流电阻大,因此共用地线上 A、B 和 C 点的电位不为零,且各点电位会受到所有电路注入地线电流的影响。从抑制干扰的角度考虑,这种接地方式是最不适用的。

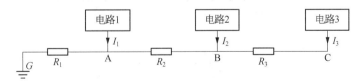

图 4-4 串联单点接地

如图 4-4 所示,电路 1、2、3 分别经过 A、B、C 三点接地,G 为接地点,各段的阻抗分别为 R_1、R_2、R_3。各接地电位为

$$V_A = (I_1 + I_2 + I_3)R_1 \tag{4-3}$$

$$V_B = (I_1 + I_2 + I_3)R_1 + (I_2 + I_3)R_2 \tag{4-4}$$

$$V_C = (I_1 + I_2 + I_3)R_1 + (I_2 + I_3)R_2 + I_3R_3 \tag{4-5}$$

采用串联单点接地方式,通常低电平电路放置在最接近接地点的位置即 A 点,这样可使 B、C 两点受其影响较小。

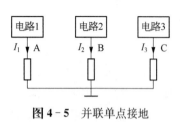

图 4-5 并联单点接地

2) 并联单点接地

并联单点接地如图 4-5 所示,其中各接地电压为 $U_A = I_1R_1$、$U_B = I_2R_2$、$U_C = I_3R_3$。

这种接地方式的优点是各电路互相不影响,各接地支路的地电位只与本支路的对地电流和地线阻抗有关。但是这种结构复杂,每个电路模块都需要独立的接地线直接接到大地,接地线独立则需要多根地线且离接地点较远的设备地线过长而使其阻抗增大,应用时并不方便。另外各地线之间也可能形成电容性和电感性耦合,在高频电路中,当接地线的长度接近于工作波长的 1/4 时,就有很强的天线效应,会导致地线阻抗接近无穷而向外辐射干扰,从而失去接地的作用,而且高频工作时接地线上的分布电容与分布电感会使接地阻抗偏高。因此,该方式只适用于低频电路。一般情况下要求地线长度不超过信号波长的 1/20。

3) 串联单点、并联单点混合接地

串联单点接地结构由于简单而受到设计人员的青睐,但它所带来的公共阻抗耦合干扰问题十分棘手。并联单点接地结构能够彻底消除电路之间的影响,但是接地线过于繁杂。折中的方法是将电路按照特性分组,相互之间不易发生干扰的电路放在同一组,相互之间容易发生干扰的电路放在不同的组。每个组内采用串联单点接地,获得最简单的地线结构,不同组的接地采用并联单点接地,避免相互之间干扰。混合接地的示意图如图 4-6 所示。需要注意的是,功率或噪声电平相差很大的电路不要共用一段地线。

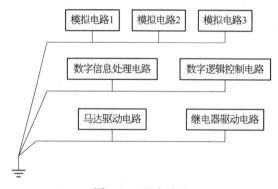

图 4-6 混合接地

4.3.2 多点接地

多点接地是指电子设备(或系统)中各个接地点都有直接接到距其最近的接地平面上,可使接地引线的长度最短,如图 4-7 所示。这里所说的接地平面可为设备的底板、机箱或贯通整个系统的接地母线。

图 4-7 中各电路地电位的计算公式为

$$\left.\begin{array}{l} U_A = I_1(R_1 + j\omega L_1) \\ U_B = I_2(R_2 + j\omega L_2) \\ U_C = I_3(R_3 + j\omega L_3) \end{array}\right\} \tag{4-6}$$

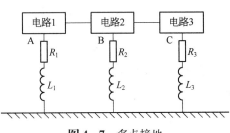

图 4-7　多点接地

多点接地的接地线应尽可能短,这样可以减小接地电感以适用于高频及数字电路,但也极易形成各种地环路,可能会造成地环路干扰。

通常多点接地容易产生公共阻抗,只能尽可能减小接地阻抗,由于趋肤效应使得增加导线直径并不能减小导体电阻。一般情况下,电子设备往往以镀银导体作为接地子母线,以减少表面阻抗。

当频率低于 1 MHz 时,采用单点接地较好;当频率高于 10 MHz 时,一般采用多点接地。对于 1～10 MHz 间的频率而言,只要最长接地线的长度小于 $\lambda/20$,则可以采用单点接地方案来避免公共阻抗耦合。当工作频率较高时(高于 30 MHz),由于接地引线的感抗和频率与接地线的长度成正比,而使接地公共阻抗增大、干扰增大,若采用多点接地,应尽量使接地长度最短,并使用最接近低值阻抗的接地面接地。

4.3.3　混合接地

混合接地一般适用于工作信号频带较宽的电流。例如,抗高频干扰的低频传输屏蔽电缆在低频信号须采用单点接地,高频信号须采用多点接地。混合接地方式一般利用电容器将高频信号的接地端与电路、设备和接地平面连接起来。如图 4-8a 所示,通过电容器避免低频时多点接地,高频信号则通过低阻抗电容器形成多点接地。例如,当多个计算机箱安全接地时,由于地线上携带大量干扰信号,一般采用一个或多个电感取代电容器,则在高频信号时,电感的阻抗大,实现单点接地;而低频信号到来时,电感的阻抗小,实现多点接地,如图 4-8b 所示。

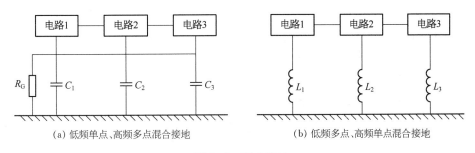

(a) 低频单点、高频多点混合接地　　　　　(b) 低频多点、高频单点混合接地

图 4-8　混合接地

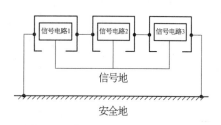

图 4-9 信号悬浮接地系统的结构

4.3.4 信号浮地

信号悬浮接地（简称"信号浮地"）系统的结构如图 4-9 所示,设备的接地系统在电气上与大地绝缘,避免形成耦合通路。该结构可以减小由于地电流引起的电磁干扰,由于地电流引起的共模干扰,以及由于不当的接地而产生的干扰,对传导干扰也有较好的抑制作用。但是浮地系统不能适应复杂的电磁环境,特别是对于一个较大的电子系统,当对地的分布电容较大,不能做到真正的悬浮、雷击或静电感应时,会击穿绝缘甚至引起弧光放电。

4.3.5 信号接地实例

1）单元电路接地

单元电路接地如图 4-10 所示,通常以单点接地不易受到地电流的干扰。图 4-10 所示多级高增益放大电路中,前置放大器和带通滤波器单独与总地线相连,末级功放与高电平信号电路形成单点接地。

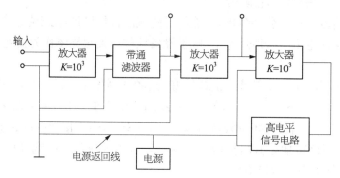

图 4-10 单元电路接地（多级高增益放大电路）

2）电缆屏蔽接地

电缆接地实例如图 4-11 所示,两个系统之间连有互连屏蔽电缆时,不同屏蔽层的接地方式会导致不同的屏蔽效果,这主要取决于电磁耦合方式和互连电缆的长度。由于电缆中感应的电磁干扰电压随频率而增大,频率较低时,对于电场激励,两端接地方式比较有效,对于磁场激励,一端接地可以有效消除电缆和接地面形成的环流;频率较高时,两端接地可以避免电场和磁场激励的谐振,而若要避免可能出现的环流,可在源端接地。对于较短的同轴电缆,低频时两端的电磁干扰感应电压基本相等,对于电场和磁场激励常采用一端接地。

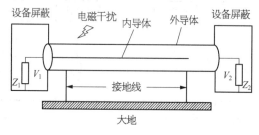

图 4-11 电缆接地实例

4.4 安全接地

在电器设备与大地或公共基准低阻抗平面之间提供一个低阻通路来旁路故障电流或电磁干扰信号,即为安全接地。可靠的安全接地可以保护人体免遭电击,保护用电线路和设备免于因雷电或短路造成绝缘击穿从而引起火灾,还可以防止设备不受电磁干扰。

4.4.1 接地极

大地土壤由固体颗粒和溶解盐组成。大地电阻的技术定义可以通过图4-12所示大地中埋入的金属半球来给出。埋入土壤或混凝土中直接与大地接触的起散流作用的金属导体称为接地极。

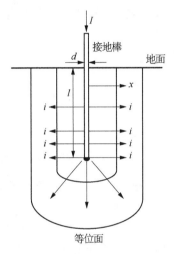

图4-12 接地棒周围电位分布

接地极主要分为自然接地极和人工接地极两类。各类直接与大地接触的金属构件、金属井管、钢筋混凝土建筑物的基础、金属管道和设备等用来兼作接地的金属导体称为自然接地极。如果自然接地极的电阻能满足要求且不对自然接地极产生安全隐患,在没有强制规范时就可以用来做接地极。埋入地中专门用作接地金属导体称为人工接地极,它包括铜包钢接地棒、铜包钢接地极、铜包扁钢、电解离子接地极、柔性接地极、接地模块和高导模块。一般将符合接地要求截面的金属物体埋入适合深度的地下,作为接地极,电阻符合其接地规定的要求。水平接地极一般采用圆钢或扁钢;垂直接地极一般采用角钢或钢管。接地引下线圆钢直径不小于12 mm,扁钢不小于50 mm×5 mm;接地极圆钢直径不小于10 mm,扁钢不小于48 mm×4 mm。

4.4.2 安全接地注意事项

1) 湿化

为了保持接地电极系统的潮湿,在接地电极系统的范围内应开沟排水。一般土壤类型湿度在30%左右即可得到足够低的电阻率。

2) 盐化

通常在接地电极周围的土壤中添加可以电离的化合物以降低接地电极的接地电阻。化合物一般选择硫酸镁、硫酸铜等。

3）防腐蚀

金属接地电极容易受到电化腐蚀和电解腐蚀的影响。常采用电化活性较低的金属,如锡、铅和铜。

4.4.3 常用接地电阻测量方法

当接地导体有电流流入地下时,会从接地导体向四周流散,针对流散的电流,土壤呈现的阻碍特性即为大地流散电阻。接地电阻包括接地线电阻、接地体电阻、接地体与土壤的接触电阻,以及土壤对流散电流呈现的流散电阻。通常对于良导体电极,其表面清洁并与周围土壤紧密结合,因接地导体电阻和接触电阻都比较小,所以常用土壤流散电阻作为接地电阻。接地电阻主要取决于大地电阻。测量大地电阻的原理如图 4-13 所示。

图 4-13 中,待测接地体的接地电阻为 R_x,X、D 分别为电压极和电流极与待测接地体的距离。电源接通后,电流沿电流极与接地导体构成回路,如果 X 和 D 足够长(一般分别选择 20 m 和 40 m),则接地电阻即可用 $R_x = U/I$ 测得。其中 U、I 分别为电压极与接地体之间的电压、电流极与接地体回路流过的电流。

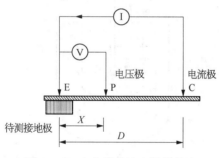

图 4-13 电位降接地电阻测量法

4.4.4 常见室内交流配电安全接地

在电力工业中,接地通常意味着与大地相连。接地的基本目的是为了保护人类、动物、设备和建筑物免受雷电击所致的危害。设备的布线通常用如下方法实现:①出现故障时,如火线与设备外壳短路,确保防护设备,如保险丝或断路器工作;②导电外壳和其他金属体之间的电位差最小;③提供雷电防护。

一个三相高压(例如 3 kV)系统通常用于给一个邻近的地区供电。设施的引入线可以是架空线或是地下的。工业上引入线都是三相线路,而居民区引入线则是单向线路,所以采用单相配电变压器降压。

交流配电系统中的除了中线接地之外,需要额外的安全接地以防止电击的危险。如图 4-14 所示,安全地线必须与所有的非载流金属外壳和部件相连,须包含在相同的电缆或管线中。接地线唯一载流的情况是故障发生时,过流保护设备(保险丝或熔断器)断开电路或降低电压等措施使电路安全。中线和地线应在一点且仅在一点上连接,这一点应在配电系统进线口面板上,否则将会是负载电流的一部分返回地线并在导线上产生压降。

220 V 或 380 V 的设备通常采用单相三线制和三相四线制供电,如图 4-15 所示。设备的金属外壳除正常接地之外,还要和电网的零线相连接,称为接零保护,如图 4-15a 所示。一般情况下,设备外壳接地电阻与电网中性点接地的接触电阻的阻值相当,当故障发生如火线与机

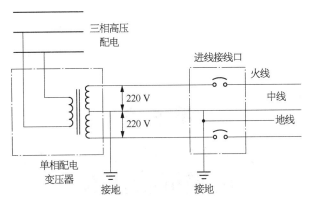

图 4-14 单相家用电源

壳间漏电,此时机壳接地线上的压降几乎等于 220 V 的一半,人体接触外壳仍然会有触电的危险。因此,即使机壳接地良好也不能保证安全,一般把金属机壳接到电网零线上。这样当火线与机壳间漏电发生时,机壳地线上有电流流过,引起火线上的保险丝或继电器动作立即切断电路。

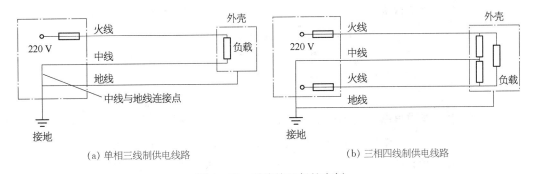

(a) 单相三线制供电线路   (b) 三相四线制供电线路

图 4-15 零线接地保护实例

思考题

1. 什么是接地?接地的类型有哪些?通常对接地有哪些要求?
2. 简述常用的接地方式,并指出所适用的场合。
3. 高频时,一个设备外壳上为什么会用多个接地带状线?
4. 简述常用的接地电阻测量法。

第 5 章

电磁屏蔽技术

∧

本章内容

本章首先介绍了电磁屏蔽的概念及主要目的,接着介绍了电场屏蔽、磁场屏蔽和电磁波屏蔽的具体方法,最后介绍了实际中屏蔽体问题及屏蔽原则。

本章特点

本章从电磁屏蔽的概念出发,详细介绍了不同电场、磁场和电磁波作用下,对于电磁屏蔽的要求以及实际屏蔽体中采取的屏蔽原则。本章是研究电磁屏蔽技术的理论基础。

5.1　电磁屏蔽概述

电磁屏蔽是一种抑制电磁干扰的手段,把电磁场限制在一定的空间范围之内,可以分为主动屏蔽和被动屏蔽。主动屏蔽是指把干扰源置于屏蔽体之内,防止电磁能量和干扰信号泄漏到外部空间;被动屏蔽是指把敏感设备置于屏蔽体内,使其不受外部干扰的影响。

电磁屏蔽主要有两个目的:一是为了防止产品的电子电路或部分电子电路的辐射发射到产品外面,既要避免产品不符合辐射发射的限值,又要防止该产品对其他电子产品的干扰;二是为了防止产品外部的辐射发射耦合到产品内部的电子电路中,导致产品内的干扰,如图5-1所示。

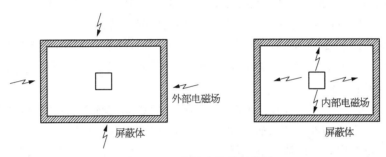

图 5-1　屏蔽外壳的使用举例

屏蔽体屏蔽效能的好坏用屏蔽效能(shielding effectiveness,SE)来度量。它与屏蔽体的材料性能、干扰源的频率、屏蔽体至干扰源的距离,以及屏蔽体上可能存在的各种不连续的形状和数量有关。屏蔽体的屏蔽效能有如下几种表示方法:

(1) 屏蔽系数 η_s。指被干扰的导体(或电路)加屏蔽后的感应电压 U_s 与未加屏蔽时的感应电压 U_0 的比值,即

$$\eta_s = U_s/U_0 \tag{5-1}$$

(2) 传输系数 T。指加屏蔽后某一测点的场强(E_s 或 H_s)与同一测点未加屏蔽时的场强(E_0 或 H_0)的比值,即

$$T = E_s/E_0 \quad \text{(电场)} \tag{5-2}$$

$$T = H_s/H_0 \quad \text{(磁场)} \tag{5-3}$$

(3) 屏蔽效能 SE。指没有屏蔽时空间某个位置的场强(E_0 或 H_0)与有屏蔽时该位置的场强(E_s 或 H_s)的比值,并以 dB 为单位,它用来衡量屏蔽体的屏蔽有效性,表征屏蔽体对电磁波的衰减程度。如果用电场计算,称电场屏蔽效能;如果用磁场计算,则称磁场屏蔽效能。即

$$SE = 20\lg(E_0/E_s) \, \text{dB} \quad \text{(电场)} \tag{5-4}$$

$$SE = 20\lg(H_0/H_s) \, \text{dB} \quad \text{(磁场)} \tag{5-5}$$

一般来说,民用产品的机箱屏蔽效能在 40 dB 以下,军用设备机箱一般要达到 60 dB,屏蔽室或屏蔽舱等要达到 100 dB。

5.2 电场屏蔽

电场屏蔽也称电屏蔽,其目的是减少设备(或电路、组件、元件等)间的电场感应,它包括静电屏蔽和交变电场屏蔽。

5.2.1 静电屏蔽

导体中(包括表面)没有电荷定向移动的状态称为静电平衡状态。处在静电平衡状态的导体具有以下性质:

(1) 导体内部的场强处处为零。

(2) 导体表面上任何一点的场强方向跟该点的表面垂直。

(3) 导体所带的净电荷只分布在导体的外表面上,导体内部没有净电荷。

(4) 处于静电平衡状态的导体是等势体,导体表面时等势面。

对于内部存在空腔的导体,在静电场中也具有同样的性质。因此,空腔导体(不论是否接地)的内部空间不受外电荷和电场的影响;接地的空腔导体,腔外空间不受内电荷和电场影响,这种现象称为静电屏蔽。

如图 5-2a 所示,当空腔屏蔽体内部存在带有 $+Q$ 的带电体时,空腔屏蔽体内表面感应出等量的负电荷,而腔体的外表面会感应出等量的正电荷。此时,点电荷 Q 产生的电场在空腔外部也会存在,仅用空腔屏蔽体将静电场包围起来,起不到屏蔽的效果。只有将空腔接地(图 5-2b),这时空腔屏蔽体外表面感应出的正电荷沿着接地线泄放到大地中,此时空腔外的电场线将会消失,$+Q$ 产生的电场仅在空腔内部分布,这时空腔屏蔽体才真正起到静电屏蔽的作用。

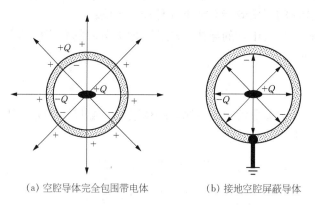

(a) 空腔导体完全包围带电体   (b) 接地空腔屏蔽导体

图 5-2 静电屏蔽

当空腔屏蔽体外部存在静电场干扰时,如图 5-3 所示,由于空腔屏蔽体为等电位体,电力线会终止在屏蔽体上,屏蔽体内部没有电场,从而实现静电屏蔽。当屏蔽体完全封闭时,无论屏蔽体是否接地,屏蔽体内部的外电场都为零。

但是实际上,屏蔽体不可能是完全封闭的理想屏蔽体,如果屏蔽体不接地,外部的电场就会从屏蔽体缝隙处入侵,造成直接或间接的耦合,从而造成屏蔽失败。为了防止这种现象发生,此时空腔屏蔽体仍需要接地。

综上所述,要实现完全静电场屏蔽需要两个必要条件:①完整的屏蔽导体;②良好的接地。

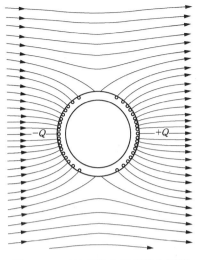

图 5-3 对外来静电场的静电屏蔽

5.2.2　交变电场的屏蔽

对于交变电场的屏蔽原理可以简单用电路理论来分析。这时干扰源与被干扰对象之间的电磁感应可以用分布电容来描述。

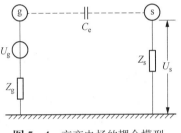

图 5-4 交变电场的耦合模型

如图 5-4 所示,此时干扰源 g 上有一交变电压 U_g,在其附近产生交变电场,在接收器 s 上产生干扰电压 U_s,干扰源和敏感设备之间的耦合用分布电容 C_e 来描述,根据电路理论分析,在接收器 s 上产生的干扰电压为

$$U_s = \frac{j\omega C_e Z_s}{1 + j\omega C_e (Z_s + Z_g)} U_g \tag{5-6}$$

由式(5-6)可以看出,干扰电压(场)与耦合电容成正比。减少耦合电容是屏蔽低频交变电场的关键,可以通过增大干扰源与接收器之间距离,或利用金属板接地来减少耦合电容,抑制干扰。

为了减少干扰源与接收器之间的耦合电容,可以利用金属板接地。如图 5-5 所示,在插入金属屏蔽体后,原先的耦合电容 C_e 变成 C_1、C_2 和 C_3 共同作用,由于有金属屏蔽体的阻碍,电容 C_3 可以忽略不计。此时金属屏蔽体上的电位为

$$U_1 = \frac{j\omega C_1 Z_1}{1 + j\omega C_1 (Z_1 + Z_g)} U_g \tag{5-7}$$

接收器 s 上产生的干扰电压为

$$U_s = \frac{j\omega C_2 Z_s}{1 + j\omega C_2 (Z_1 + Z_s)} U_1 \tag{5-8}$$

从上式可以看出,要使干扰电压 U_s 比较小,必须要减小 C_1、C_2 和 Z_1。当 $Z_1 = 0$ 时,才有 $U_1 = 0$、$U_s = 0$。可见,屏蔽体必须要良好接地,才能真正将干扰源产生的干扰电场的耦合抑制或者消除,保护接收器免受干扰。

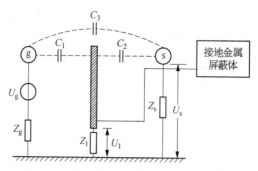

图 5 - 5 存在屏蔽的交变电场的耦合模型

如果屏蔽导体没有接地或者接地不良,那么接收器上的感应干扰电压比没有屏蔽时的干扰电压还要大,此时干扰比不加屏蔽体时更为严重。

综上分析可得,交变电场屏蔽的基本原理是采用接地良好的金属屏蔽体将干扰源产生的交变电场限制在一定的空间内,从而阻断了干扰源至接收器的传输途径。还须注意的交变电场屏蔽要求有:①屏蔽体必须是良导体(金、银、铜、铝等);②必须有良好的接地。

5.3 磁场屏蔽

磁场屏蔽是为了消除或抑制由于磁场耦合引起的干扰,其可以分为低频磁场屏蔽和高频磁场屏蔽。

5.3.1 低频磁场屏蔽

低频($100 \, \text{kHz}$ 以下)利用高磁导率的铁磁材料(如铁、硅钢片、坡莫合金等)对磁路进行分路,这些高磁导率的材料具有很低的磁阻,因此磁力线被约束在屏蔽体内,磁场则绕过敏感元件,从而起到磁场屏蔽的效果。如图 5 - 6 所示,H_0 代表屏蔽体外部的磁场强度,H_1 代表屏蔽体中心的磁场强度,H_2 代表屏蔽体材料中的磁场强度,R_m 代表屏蔽体材料的磁阻,R_0 代表屏蔽体内空气的磁阻,其等效磁路如图 5 - 7 所示。

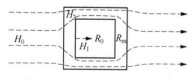

图 5 - 6 低频磁场屏蔽示意图

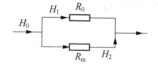

图 5 - 7 低频磁场屏蔽等效电路图

从等值磁路计算可以得到:

$$H_1 = H_0 R_\text{m}/(R_\text{m} + R_0) \qquad (5 - 9)$$

根据屏蔽效能的定义有

$$SE = H_0/H_1 = (R_\text{m} + R_0)/R_\text{m} = 1 + R_0/R_\text{m} \qquad (5 - 10)$$

其中磁阻的计算公式为

$$R_\text{m} = l/(S\mu) \qquad (5 - 11)$$

式中,l 为屏蔽体中磁路的长度;S 为屏蔽体中穿过磁力线的横截面面积。屏蔽体的磁阻越小,屏蔽效能越高。可以通过增加磁路的截面积或使用磁导率较高的屏蔽材料,同时使屏蔽体尽量小、磁路尽可能短,从而达到减小磁阻的目的。

由于铁磁材料的磁导率 μ 比空气的磁导率 μ_0 大得多,所以铁磁材料的磁阻很小。将铁磁材料置于磁场中,磁通主要通过铁磁材料,而通过空气的磁通将大为减弱,从而起到磁场屏蔽的效果。

如图 5 - 8 所示,屏蔽线圈用铁磁材料作屏蔽罩。图 5 - 8a 中,线圈产生的磁通主要沿屏蔽罩通过,即被限制在屏蔽体内,从而使线圈周围的元件、电路和设备不受线圈磁场的影响或干扰。图 5 - 8b 中,外界磁通也将通过屏蔽体而很少进入屏蔽体内,从而使外界磁场不易影响屏蔽体内的线圈。

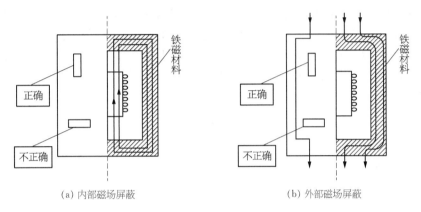

(a) 内部磁场屏蔽　　　　　　　　　　　(b) 外部磁场屏蔽

图 5 - 8　低频磁场屏蔽

采用铁磁材料作为屏蔽体时要注意以下几点:

(1) 所用铁磁材料的磁导率越高,屏蔽罩越厚,磁阻越小,屏蔽效果越好。为了获得更好的磁屏蔽效果,需要选用高磁导率材料,并且屏蔽层有足够的厚度,必要时需要采用多层屏蔽。因此,效果良好的铁磁屏蔽往往既昂贵又笨重。

(2) 采用铁磁材料作为屏蔽罩时,需要开孔走线时,在垂直磁力线的方向不应开口或有缝隙。因为若缝隙垂直于磁力线,则会切断磁力线,使磁阻增大,屏蔽效果变差,如图 5 - 8 所示。

(3) 铁磁材料的屏蔽不能用于高频磁场屏蔽。因为高频时铁磁材料中的磁性损耗(包裹磁滞损耗和涡流损耗)很大,导致磁导率明显下降,降低屏蔽的效果。

5.3.2　高频磁场屏蔽

高频磁场的屏蔽是采用低电阻率的良导体材料,如铜、铝等。其屏蔽原理是利用电磁感应现象在屏蔽体表面所产生的涡流的反向磁场来达到屏蔽的效果,即利用了涡流反向磁场对于原干扰磁场的排斥作用,抑制或抵消屏蔽体外的磁场。

根据法拉第电磁感应定律,闭合回路产生的感应电动势等于穿过该回路的磁通量的变化率。感应电动势伴生感应电流,感应电流产生的磁通要阻碍原来磁通的变化。如图 5 - 9 所示,如果屏蔽体是良导体时,感应电流的阻抗近乎短路而产生涡流,此涡流产生的反向磁场将抵消穿过屏蔽体的原磁场;如图 5 - 10 所示,同时反向磁场增强了金属板四周的磁场,看起来就像原有磁场从屏蔽体四周绕行而过,可以使屏蔽体右侧空间得到屏蔽。

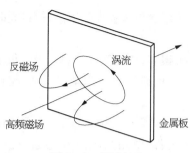

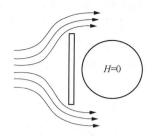

图 5 - 9　涡流效应　　　　图 5 - 10　高频磁场屏蔽效果示意图

由于良导体金属材料对高频磁场的屏蔽作用是利用感应涡流的反磁场排斥原先干扰磁场而达到屏蔽的目的,所以屏蔽盒上产生的涡流大小直接影响屏蔽效果。

如果高频磁场由线圈产生,将屏蔽导体看成一匝的线圈,那么等效电路如图 5 - 11 所示。图中,i 为线圈的电流,M 为屏蔽导体与线圈之间的互感,r_s 和 L_s 分别为屏蔽导体的电阻和电感,i_s 为屏蔽导体上产生的涡流。

根据电路分析可知

$$i_s = \frac{j\omega M}{j\omega L_s + r_s} i \tag{5-12}$$

在高频时,$r_s \ll \omega L_s$,此时

$$i_s \approx \frac{M}{L_s} i \tag{5-13}$$

在低频时,$r_s \gg \omega L_s$,此时

$$i_s \approx \frac{j\omega M}{R_m} i \tag{5-14}$$

根据上述近似等效,可以得到频率和涡流大小的关系曲线,如图 5 - 12 所示。当频率增加到一定范围之后,涡流的大小将保持不变。此时在高频情况下,说明涡流产生的反磁场已足以排斥原有的干扰磁场,从而起到屏蔽作用;当然也说明涡流产生的反向磁场都不可能比原先磁场大。在低频情况下,可以看到涡流本身很小,涡流的反磁场不足以完全排斥原干扰磁场,此法不适用于低频磁场屏蔽。

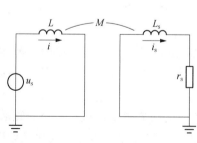

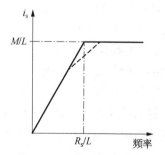

图 5 - 11　高频磁场耦合等效电路图　　　图 5 - 12　高频磁场频率和
　　　　　　　　　　　　　　　　　　　　　　　涡流大小关系

需要注意以下方面:

(1) 和低频磁场屏蔽类似,高频磁场屏蔽盒在垂直于涡流的方向不应有缝隙或开口。因

为这样会切断涡流,且意味着涡流电阻增大,涡流减小,屏蔽效果会变差。若需要开口时,则开口方向应沿着涡流方向。正确的开口或缝隙对涡流影响较小,对屏蔽效果影响也较小,屏蔽盒上的缝隙或开口尺寸一般不大于波长的 1/100~1/50。

(2) 由于高频电流的趋肤效应,涡流仅在屏蔽盒的表面薄层流过,屏蔽盒的内层表面被表面涡流屏蔽,所以屏蔽盒无须做得很厚。实际中,一般屏蔽盒的厚度为 0.2~0.8 mm。

(3) 磁场屏蔽的屏蔽盒是否接地不影响磁场屏蔽效果,这与电场屏蔽不同。但是将金属导电材料制造的屏蔽盒接地,它就同时具有电场屏蔽和磁场屏蔽的作用,所以实际中屏蔽体都应该接地。

5.4　电磁波屏蔽

在时变电磁场中,电场和磁场总是同时存在的。通常所说的屏蔽多指电磁屏蔽,即同时抑制或削弱电场和磁场。屏蔽体的材料是金属导体或其他对电磁波有衰减作用的材料。屏蔽效能的大小与电磁波的性质及屏蔽体的性质有关。

在频率较低的范围内,电磁干扰一般出现在近场区。近场随着干扰源的性质不同,电场和磁场的大小有很大差别。高电压、小电流干扰源以电场为主,磁场干扰可以忽略不计,这时就可以只考虑电场屏蔽;而低电压、大电流干扰源以磁场屏蔽干扰为主,电场干扰可以忽略不计,这时就可以只考虑磁场屏蔽。随着频率的增加,电磁辐射能力增加,产生辐射电磁场,并趋向于远场干扰。在远场干扰中,电场干扰和磁场干扰都不可忽略,因此需要将电场和磁场同时屏蔽,即电磁屏蔽。

以单层金属板来说明电磁波的屏蔽机理。如图 5-13 所示,设金属平板左右两侧均为空气,因而在左右两个界面上出现波阻抗突变,入射电磁波在界面上就产生反射和透射。下面分三个阶段介绍电磁波经过金属板的传播过程:

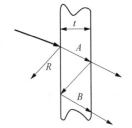

图 5-13　电磁波屏蔽原理示意图

(1) 当电磁波在金属板表面时,会发生反射。电磁波(能)的反射,是屏蔽体对电磁波衰减的第一种机理,称为反射损耗,用 R 表示。

(2) 电磁波透射入金属板内继续传播,其场量振幅要按指数规律衰减。场量的衰减反映了金属板对透射入的电磁能量的吸收,电磁波衰减的第二种机理称为吸收损耗,用 A 表示。

(3) 电磁波在金属板内尚未衰减掉的剩余能量达到金属右边界面上时,又要发生反射,并在金属板的两个界面之间来回多次反射。只有剩余的一小部分电磁能量透过屏蔽的空间。电磁波衰减的第三种机理,称为多次反射修正因子,用 B 表示。

因此,总的屏蔽效能为

$$SE = R_1 + R_2 + A + B = R + A + B \tag{5-15}$$

式中,R_1 为电磁波第一次从空气入射到金属板表面的反射损耗;R_2 为电磁波第二次从金属板入射到空气时的反射损耗。

实心金属材料对电磁波的反射和吸收损耗使电磁能量大大衰减,最终将电场和磁场同时屏蔽。整体电磁波屏蔽的效率取决于反射损耗、吸收损耗和多次反射损耗三者共同作用的效果。它们各自的影响因素不仅和屏蔽材料有关,还和场源的性质有关。下面分别对每一种损耗的影响因素进行分析。

5.4.1 反射损耗

电磁波在空气介质和在金属导体中的阻抗不同,因此电磁波从空气传输到达金属屏蔽体表面时会发生反射。可以用传输线类似的方法来进行分析。空气介质的波阻抗用 Z_a 来表示,金属屏蔽体的特征阻抗用 Z_m 来表示,干扰场强为 U_0,在空气阻抗上的电压为 U_1,入射到金属界面时在金属界面上建立的电压为 U_2。由于电磁波在空气和金属中阻抗不匹配而产生反射波,形成界面处的电压突降,在界面处的反射波 $U_3 = U_1 - U_2$。

根据传输线理论分析则有

$$U_1 = Z_a/(Z_a + Z_m)U_0 \tag{5-16}$$

$$U_2 = Z_m/(Z_a + Z_m)U_0 \tag{5-17}$$

$$U_3 = (Z_a - Z_m)/(Z_a + Z_m)U_0 \tag{5-18}$$

定义 P_{am} 为从空气到金属的反射系数,即反射波场强与干扰源场强的比值:

$$P_{am} = U_3/U_0 = (Z_a - Z_m)/(Z_a + Z_m) \tag{5-19}$$

定义波阻抗比为

$$q = Z_a/Z_m \tag{5-20}$$

此时

$$P_{am} = (1-q)/(1+q) \tag{5-21}$$

同样从金属到空气介质表面的反射系数

$$P_{ma} = (q-1)/(q+1) \tag{5-22}$$

电磁波通过屏蔽体,若不考虑屏蔽体内部的衰减,则由反射引起的传输系数为

$$|T_r| = (1-P_{am})/(1-P_{ma}) \tag{5-23}$$

此时反射损耗为

$$R = 20\lg \frac{1}{|T_r|} = 20\lg \frac{1-P_{ma}}{1-P_{am}} = 20\lg \frac{(1+q)^2}{4q} \text{ (dB)} \tag{5-24}$$

由于 $q \gg 1$,则

$$R = 20\lg \frac{q}{4} = 20\lg \frac{Z_a}{4Z_m} \tag{5-25}$$

从式(5-25)可以看出,反射损耗与电磁波的波阻抗和屏蔽材料的特征阻抗有关。对于特定的屏蔽材料,电磁波的波阻抗越高,发射损耗越大;对于确定的电磁波,屏蔽材料的阻抗越低,反射损耗越大。

金属导体的特征阻抗为

$$Z_m = 3.68 \times 10^{-7} \sqrt{f\mu_r/\sigma_r} \tag{5-26}$$

式中,f 为电磁波的频率;u_r 为相对磁导率;σ_r 为相对电导率。

电磁波在空气中的波阻抗取决于场源的性质,其在远场、进场的波阻抗分别为

$$Z_{远场} = 377 \ \Omega \tag{5-27}$$

$$Z_{近,E} = 377\left(\frac{\lambda}{2\pi D}\right) \tag{5-28}$$

$$Z_{近,M} = 377\left(\frac{2\pi D}{\lambda}\right) \tag{5-29}$$

式中,D 为屏蔽体到源的距离。

　　根据以上公式,可以得到在远场、近场的反射损耗如下:

$$远场 \quad R = 20\lg\frac{377}{4Z_m} \tag{5-30}$$

$$电场 \quad R = 20\lg\frac{4\,500}{DfZ_m} \tag{5-31}$$

$$磁场 \quad R = 20\lg\frac{2Df}{Z_m} \tag{5-32}$$

同时,简单绘制出反射损耗与干扰源和频率的关系图,如图 5-14 所示。

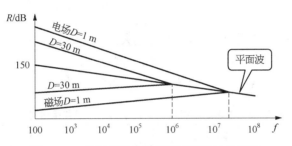

图 5-14　反射损耗与干扰源和频率的关系图

　　从图 5-14 可以看出,电场反射损耗大于磁场反射损耗,但当频率升高超过一定范围时,电场和磁场损耗趋向于一致,汇合在平面波的反射损耗数值上;还有距离电偶极源越近,则反射损耗越大(波阻抗越高),磁偶极源,则正好相反;频率升高时,电场的波阻抗变低,磁场波的波阻抗变高,同时屏蔽材料的阻抗发生变化(变大)。对于平面波,由于波阻抗一定(377 Ω),因此随着频率升高,反射损耗降低。

　　需要注意的是,反射损耗不是将电磁能量损耗掉,而是将其反射到空间。反射的电磁波有可能对其他电路造成影响,特别是当辐射源在屏蔽机箱内时,反射波在机箱内可能会由于机箱的谐振得到增强,对电路造成干扰。

5.4.2　吸收损耗

　　吸收损耗是感生的涡流导致屏蔽体中电磁能量的损耗。由于高频涡流具有趋肤效应,电磁场在金属屏蔽体中将以衰减常数 α 按指数规律衰减。衰减常数 α 即为涡流系数,且有

$$\alpha = 1/\delta \tag{5-33}$$

其中 δ 为趋肤深度,其计算式如下:

$$\delta = 0.066\sqrt{\frac{1}{f\mu_r\sigma_r}} \tag{5-34}$$

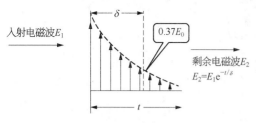

入射电磁波 E_1

剩余电磁波 E_2
$E_2=E_1\mathrm{e}^{-t/\delta}$

图 5 - 15 吸收损耗分析示意图

根据趋肤深度计算吸收损耗,其等效示意图如图 5 - 15 所示。

以趋肤深度来计算,吸收损耗为

$$A = 20\lg(E_1/E_2) = 20\lg(\mathrm{e}^{t/\delta}) = 3.34L\sqrt{f\mu_\mathrm{r}\sigma_\mathrm{r}}\ \mathrm{dB} \tag{5-35}$$

从式(5 - 35)可以看出,电磁波在介质中传播,衰减到入射强度的 1/e 或 37% 时所传播的距离刚好为该材料的趋肤深度。

材料的趋肤深度 t 越厚,吸收损耗越大,每增加一个趋肤深度,吸收损耗增加约 9 dB;趋肤深度越小,吸收损耗越大。常用材料的趋肤深度可以从一些材料手册中查到。趋肤深度不仅与材料的种类有关,还与频率有关,同一种材料,频率越高,趋肤深度越小,因而吸收损耗越大。

需要注意以下几点:

(1) 吸收损耗与电磁波的种类(波阻抗)无关。无论电磁波的波阻抗如何,吸收损耗都是相同的,因此做近场屏蔽时,它与辐射源的特性无关。

(2) 吸收损耗与电磁波频率有关。频率越低的电磁波,吸收损耗越小,因此低频电磁波具有较强的穿透力。

(3) 导体的磁导率和电导率越高,吸收损耗越大。也就是说,导磁性和导电性对吸收损耗有影响。同样厚度的钢和铝,钢的吸收损耗大于铝的吸收损耗。因为,钢的导电性虽然不如铝,但是钢的磁导率很高,它们的乘积较大。表 5 - 1 是常见金属材料对铜的相对电导率和相对磁导率。

表 5 - 1 常见金属材料对铜的相对电导率和相对磁导率

材料	σ_r	μ_r	材料	σ_r	μ_r	材料	σ_r	μ_r
银	1.05	1	磷青铜	0.18	1	铁	0.17	50~1 000
铜	1	1	白铁皮	0.15	1	冷轧钢	0.17	180
金	0.7	1	锡	0.15	1	不锈钢	0.02	500
铝	0.61	1	钽	0.12	1	4%硅钢	0.029	500
锌	0.29	1	铍	0.10	1	热轧硅钢	0.038	1 500
黄铜	0.26	1	铅	0.08	1	高磁导率硅钢	0.06	80 000
镉	0.23	1	钼	0.04	1	坡莫合金	0.04	8 000~12 000
镍	0.20		钛	0.036		铁镍钼超导磁合金	0.023	10^5

5.4.3 多次反射损耗

电磁波入射到不同介质的界面时,都会发生反射。因此当入射波达到金属屏蔽体时,除了一部分能量被屏蔽体吸收并一次反射后穿透出屏蔽体外,在屏蔽体的两个表面还会产生多次反射。电磁波的每一次反射都会有一部分能量穿透出屏蔽体,这就造成了额外的泄漏,可以采用多次反射修正因子 B 来描述这些额外的泄漏,其计算公式为

$$B = 20\lg(1 - \mathrm{e}^{-2t/\delta}) \tag{5-36}$$

若多次反射损耗为负,表明其减小屏蔽效能。需要注意的是,以下两种情况可以忽略多次

反射因子：

（1）对于电场波，由于大部分能量在金属与空气的第一个界面反射，进入金属内部的能量已经较小，可以忽略多次反射造成的泄漏。

（2）当屏蔽材料的厚度达到一定趋肤深度时，多次反射因子也可以忽略不计。

5.4.4　实际屏蔽效能

综合屏蔽效能如图 5-16 所示，以 0.5 mm 厚的铝板为例，D 为屏蔽层到辐射源的距离。

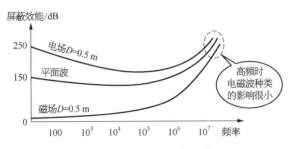

图 5-16　综合屏蔽效能示意图

由图 5-16 可以得出如下结论：

（1）低频时，屏蔽效能与电磁波的种类关系密切。在低频时，由之前分析得知无论哪种电磁波吸收损耗都很小，所以综合屏蔽效能主要取决于反射损耗，而反射损耗主要由场源的性质决定，即波阻抗关系很大。因此，低频时不同电磁波的屏蔽效能相差很大，电场波的屏蔽效能远远高于磁场波。

（2）高频时，屏蔽效能与电磁波的种类没有明显关系：一方面，随着频率的升高，电场波的反射损耗降低，磁场波的反射损耗增加；另一方面，随着频率的升高，导体的趋肤深度变小，吸收损耗增加。当频率到达一定程度后，吸收损耗已经很大，屏蔽效能主要取决于吸收损耗。由于吸收损耗与电磁波的种类没有关系，因此在高频时，不同种类电磁波的屏蔽效能几乎相同。

（3）总体来讲，屏蔽导体对电场波进行屏蔽时会有比较高的屏蔽效能，其次是平面电磁波；而对磁场波进行屏蔽时，屏蔽导体的屏蔽效能都比较低，特别是低频磁场的屏蔽效能最低。

低频磁场是最难屏蔽的一种电磁波，这是由其自身特性决定的。低频意味着趋肤深度深，吸收损耗小；磁场意味着电磁波的波阻抗很低，反射损耗小；当这两部分都很小的时候，整体屏蔽效能也就很低。另外，对于磁场，多次反射造成的泄漏也是不能忽略的。为了改善低频磁场的屏蔽效能，如前文所述，可以用磁导率较高的材料或者增加屏蔽体的厚度，以增加吸收损耗。但是通常磁导率高的材料导电性能都不是很好，这会减少反射损耗。对于磁场而言，反射损耗已经很小，主要是吸收损耗的变化，吸收损耗的增加幅度比反射损耗的减少幅度大，总体而言，还是可以改善低频磁场屏蔽效能的。

在实际电磁兼容问题中，电场和磁场是同时存在的。虽然磁导率高的屏蔽材料改善了磁场屏蔽，但是对于电场而言，由于电场以反射损耗为主，减小的反射损耗要大于增加的吸收损耗，因而会使电场的屏蔽效能降低。为了能对电场和磁场同时进行有效的屏蔽，希望既能增加吸收损耗，又不损失反射损耗。通常采用在高导磁率材料的表面增加一层高导电率材料，增加电场波在屏蔽材料与空气界面上的反射损耗，如图 5-17 所示。

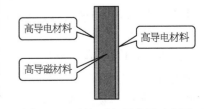

图 5-17　低频磁场屏蔽线示意图

5.5 电磁屏蔽设计原则

在实际情况中,常常遇到不完整的屏蔽,如图 5-18 所示为低频磁场屏蔽线示意图。图中屏蔽机箱上存在许多泄漏源,包括不同部分结合处的缝隙、通风口、显示窗、按键、指示灯和电缆线、电源线等。电磁波会通过这些缝隙、孔洞泄漏进去,从而破坏屏蔽的完整性,降低总的屏蔽效能。在进行电磁屏蔽设计时,要妥善解决这些开口和贯通导体造成屏蔽性能下降的问题。

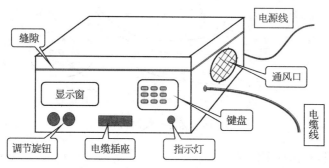

图 5-18 低频磁场屏蔽线示意图

5.5.1 缝隙或孔洞

屏蔽体上的孔缝对屏蔽效能的影响主要有:①对于抑制低频磁场的高磁导率材料屏蔽体,由于开孔或开缝影响了沿电力线方向的磁阻,使其增大,降低了对磁场的分流作用;②对于抑制高频磁场和电磁波的良导体屏蔽体,由于开孔或开缝影响了屏蔽体的感应涡流抑制作用,使得磁场和电磁波穿过孔缝进入屏蔽体;③对于抑制电场的屏蔽,由于孔缝影响了屏蔽体的导电连续性,使之不能成为一个等位体,屏蔽体上的感应电荷不能顺利地从接地线走掉。

屏蔽体上必须开孔或有缝隙时,应当注意开孔或缝隙的形式及方向,尽量减小对屏蔽体中磁场或涡流通量的影响,使其在材料中能均匀分布,以保证削弱外部磁场。如图 5-19 所示,图(a)为没有孔缝时磁场或涡流分布,图(b)~图(d)分别开设了不同的孔缝。可见,图(b)中狭长缝效果最差,图(d)中开设多个小孔的效果最好。

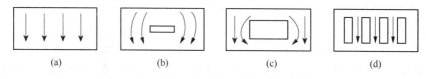

(a)　　　　　(b)　　　　　(c)　　　　　(d)

图 5-19 屏蔽上的孔缝对磁场和涡流的影响

电磁波穿过孔缝的强度取决于孔缝的最大尺寸。一般地,当孔缝的最大尺寸大于电磁波波长的 1/20 时,电磁波可穿过屏蔽体;而当孔缝尺寸大于电磁波波长的一半时,电磁波可毫无衰减地穿过。当缝隙窄而深时,电磁泄漏都很小;当缝隙宽而浅时,电磁泄漏就比较严重。因此,可以通过尽量减少缝隙的间距来减小缝隙的电磁泄漏。同时,在近场区,缝隙的泄漏还与辐射源的特性有关,当辐射源为电场源时,缝隙的泄漏比远场时小且屏蔽效能高;而当辐射源为磁场源,缝隙的泄漏比远场时大且屏蔽效能低。所以,对于磁场源,屏蔽效能与孔洞到辐射源的距离有关,距离越近,泄漏越大。在设计时要注意这点,磁场辐射源一定要尽量远离孔洞。

当机箱上有许多缝隙时,如果缝隙处不平整、接缝表面的绝缘材料及油污清理不干净,就会产生缝隙,影响导电结构的连续性。因此,对于机箱中的缝隙,如果是不必拆卸的,最好采用连续焊接。如果不能焊接,则应使接合表面尽可能平整,接合面宽度大于 5 倍的最大不平整度,应保证有足够紧固件数目,并保证接合处不同金属材料电化学性能一致,避免因金属表面腐蚀所致的接合不可靠;同时,在装配时,还要清除表面的油污和氧化膜。

对于因缝隙造成的屏蔽问题,除了采用增加接触面的平整度、增加紧固件(螺钉、铆钉)的密度的方法外,还可以采用电磁密封衬垫,如图 5-20 所示。

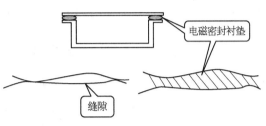

图 5-20　电磁密封衬垫示意图

电磁密封衬垫安装在两块金属接合处,使之充满缝隙,保证导电连续性。使用电磁密封衬垫可降低对接触面平整度的要求,减少接合处的紧固螺钉,但是应注意选用导电性能好、足够厚且接触面清洁的衬垫材料,以尽可能填充满缝隙。常用的密封衬垫见表 5-2。

表 5-2　常用的密封衬垫

衬垫种类	优点	缺点	适用场合
导电橡胶	兼具环境密封和电磁密封作用,高频屏蔽效能高	需要压力大,价格高	需要环境密封和较高屏蔽效能的场合
金属丝网条	成本低,不易损坏	高频屏蔽效能,适合 1GHz 以上的场合,没有环境密封作用	干扰频率为 1GHz 以下的场合
指形簧片	屏蔽效能高,允许滑动,接触形变范围大	价格高,没有环境密封作用	有滑动接触的场合,屏蔽性能要求较高的场合
螺旋管	兼具环境密封和电磁密封作用,屏蔽效能高,价格低,复合型	过量压缩时容易损坏	屏蔽性能要求高的场合,有良好压缩限位的场合,需要环境密封和很高屏蔽效能的场合
多重导电橡胶	弹性好,价格低,可以提供环境密封	表层导电层较薄,反复摩擦后易脱落	需要环境密封和一般屏蔽性能的场合,不能提高较大压力的场合
导电布衬垫	柔软,需要压力小,价格低	湿热环境中容易损坏	不能提供较大压力的场合

5.5.2　显示窗

对于很小的显示器件如很小的发光二极管,只需要在面板上开很小的小孔,一般不会造成严重的电磁泄漏。但当辐射源离孔洞很近时,仍会有泄漏发生,此时可以在小孔上设置一个截止波导管,如图 5-21a 所示;也可以使用馈通滤波器,将发光器件直接安装在屏蔽向外,如图 5-21b 所示。

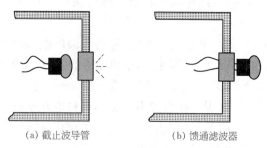

(a) 截止波导管   (b) 馈通滤波器

图 5 - 21 发光二极管的屏蔽处理

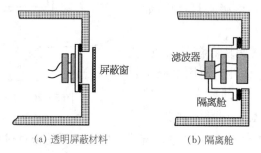

(a) 透明屏蔽材料   (b) 隔离舱

图 5 - 22 显示窗等器件的屏蔽处理

对于面积较大的发光器件,如液晶显示板、显示窗等,可以采用两种方法防止电磁泄漏。一种是显示窗使用透明屏蔽材料,如导电玻璃、透明聚酯膜、金属丝玻璃夹层等,如图 5 - 22a 所示;另一种是使用隔离舱,如图 5 - 22b 所示。透明屏蔽材料最大的优点是结构简单;缺点是视觉效果差,不适用于设备内部有磁场辐射源或磁场敏感电路的情况,因为透明屏蔽材料对磁场的屏蔽效能很低甚至没有,适用于显示器件本身产生辐射或对外界干扰敏感的场合。隔离舱最大的优点是显示器件的视觉效果几乎不受影响,对磁场有较高的屏蔽效能;缺点是显示器件本身产生电磁辐射或对外界干扰敏感时,几乎没有屏蔽效果,适用于显示器件本身不产生干扰或对外界电磁干扰不敏感的场合。如果显示器件会产生辐射,同时机箱内有磁场辐射源,可以将两个方法结合起来。

5.5.3　操作器件

在机箱面板上,为调节电位器、控制元件等开孔,也会破坏屏蔽的完整性。这些可能成为一些潜在电磁干扰的发送或接收天线。为了解决这些仪器设备表面的操作器件,可以采用两种方法来处理。图 5 - 23a 所示是直接在面板上开小孔,与常规方法一样安装操作器件;图 5 - 23c 所示是设置隔离舱,将设备中的主电路与操作器件隔离开。

直接安装方法最大的优点是简单,但会导致一定程度的电磁泄漏。如果开孔的尺寸较大,会导致机箱内电路产生的高频信号泄漏;另外由于操作器件距离小孔很近,有些甚至伸出小孔,操作器件上携带的电磁干扰会从小孔泄漏。因此,直接安装的方法仅适合对屏蔽效能的要求较低,或需要孔洞尺寸较小的场合。隔离舱安装的方法可以避免这些缺点,但需要增加成本,包括增加隔离舱、电磁密封衬垫和滤波器的费用。

如果开一个小孔不能满足屏蔽的要求,可以在开口处安装一个截止波导管,如图 5 - 23b 所示。需要注意的是,穿过小孔或截止波导管的杆不能是金属杆,如果必须用金属杆穿过小孔或波导管,可用一层金属屏蔽层将金属杆的一周与屏蔽体搭接起来。

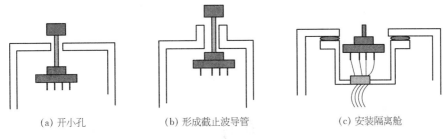

(a) 开小孔　　　　　　　(b) 形成截止波导管　　　　　(c) 安装隔离舱

图 5 - 23　操作器件的处理

5.5.4　贯通屏蔽体

穿过屏蔽体的导体对屏蔽体的破坏十分严重,对穿过屏蔽体的电缆处理方式有两种(图 5 - 24):一是在导线穿过屏蔽界面处进行滤波处理(图 5 - 24a);二是采用屏蔽导线(图 5 - 24b),用电缆连接器与电缆屏蔽层和屏蔽箱体连接,这相当于将屏蔽体延伸到导线屏蔽层。

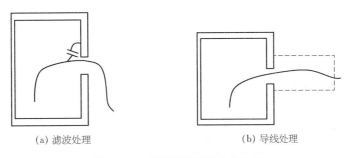

(a) 滤波处理　　　　　　　　　　　(b) 导线处理

图 5 - 24　贯穿屏蔽体导体的处理

5.5.5　通风口

最简单的通风孔处理就是在所需部位开孔,但是破坏了屏蔽的完整性,为此可以安装电磁屏蔽罩。一般有两种方法:一是采用防尘通风板;二是采用截止波导管通风板。防尘通风板一般是由多层金属丝网组成,其特点是价格便宜,使用寿命长,维修清洁方便,适用于对屏蔽效能和通风量要求不高的区域。截止波导管通风板是将铜制或钢制的蜂窝状结构安装在框架内,以确保有良好的屏蔽效能和通风效果,缺点是价格比较昂贵,主要用在有高性能要求的屏蔽场合,如屏蔽室、军事设备等。

思考题

1. 请简要说明低频磁场和高频磁场屏蔽原理的不同。
2. 请解释低频磁场最难屏蔽的原因。有哪些措施可以提高低频磁场的屏蔽效果?
3. 静电场屏蔽与电磁屏蔽有何区别?

第 6 章

滤 波 技 术

∧

本章内容 ————

　　本章主要介绍了电磁干扰滤波器的结构、原理以及性能指标,并重点介绍了常用的低通滤波器、电容滤波器和电感滤波器的功能和特点,还分别介绍了电源线和信号线上的共模与差模滤波器接法,以及简述了各种滤波器的设计基础与安装方法。

本章特点 ————

　　本章从电磁干扰滤波器的工作原理入手,介绍了最常用几种滤波器的功能及其设计与安装方法。滤波技术是电气设备电磁兼容设计的常用技术之一,将为后续章节提供理论基础。

6.1 电磁干扰滤波器概述

一台电子产品不论经过怎么完善的电磁兼容设计,也仍然无法避免电磁干扰信号通过辐射和传导进入设备内部,或源于该设备内部的高频信号通过辐射或传导对其他设备产生干扰。通常电磁干扰信号的频率较高,在接收端采用滤波技术既可以无衰减地传输有用信号,也可以有效抑制电磁干扰,因此滤波技术是电气设备电磁兼容设计的常用技术之一。

电磁干扰滤波器(EMI 滤波器)原理与一般的滤波器基本相同,尽可能衰减干扰信号,而无衰减通过有用信号。抑制电磁干扰的方式有两种,一种是将干扰信号反射回去,另一种是将干扰信号消耗在滤波器之中,以免对后面的电路产生影响。

6.1.1 电磁干扰滤波器的特点

电磁干扰滤波器的滤波对象是高频的电磁干扰信号,设计时相比普通滤波器有很大不同,因此,对于电磁干扰滤波器通常有如下更高要求:

(1)电磁干扰滤波器需要长时间工作在大电流和高电压的环境下,因此要求其对有用信号的损耗小,从而保证较大的传输效率。

(2)电磁干扰的频率范围为 20 Hz 到几十吉赫兹,要求电磁干扰滤波器在工作频率范围内有较高的衰减能力。电磁干扰滤波器难以用集总参数等效电路来准确模拟其工作特性,且干扰电平变化幅度较大,电磁干扰滤波器易出现饱和效应。

(3)电源系统和干扰源的阻抗变化范围比较大且不稳定,电磁干扰滤波器很难工作在阻抗匹配的条件下。

6.1.2 电磁干扰滤波器的主要参数及分类

衡量电磁干扰滤波器工作特性的参数主要包括额定电压、额定电流、频率特性、输入输出阻抗、插入损耗以及传输频率等。插入损耗是描述滤波器最主要的参数,如果设 U_1 是加入滤波器后负载阻抗上的电压,U_2 是未加滤波器时负载上的阻抗,插入损耗的定义式为

$$IL = 20\lg\frac{U_1}{U_2} \qquad (6-1)$$

频率传输特性也是非常重要的参数,用于衡量滤波器对某个频率的干扰信号的衰减能力,通常用角频率为 ω 的干扰信号通过滤波器时的输入与输出电压比的对数表示,即 $20\lg U_o(j\omega)/U_i(j\omega)$。

电磁干扰滤波器按照电磁干扰的滤波对象可分为电源滤波器和信号滤波器;按照滤波器的频率选择特性可分为低通、高通、带通和带阻滤波器;按照滤波器供能方式可分为有源滤波器和无源滤波器;按照滤波器的功能可以分为反射滤波器和耗损滤波器;按照对干扰信号衰减的方式可以分为反射式滤波器和吸收式滤波器。

6.2 无源滤波器

无源滤波器是利用 LC 或 RC 等元件组成选频网络,使有用信号可以无衰减地通过,同时对干扰信号进行尽可能强的衰减,使之不会对后面的负载或电路造成危害。信号幅频特性表示滤波器通过或阻止信号的频率范围,不同的滤波器具有不同的幅频特性。无源滤波器一般在电路中实现旁路、耦合和平滑纹波等作用。图 6-1 所示是四种不同无源滤波器的衰减特性

曲线,其中纵坐标 IL 表示插入损耗。通带的 IL 很低,代表该频率段的信号通过该滤波器时损耗很低;阻带的 IL 很高,代表该频率段的信号通过该滤波器时几乎都被衰减了,实现了对这些信号的滤除;而过渡带的衰减介于前两者之间,该频率段的信号通过滤波器时会有一定的损耗,因此,过渡带越窄越好。从图中可以看出,低通滤波器(图 6-1a)和高通滤波器(图 6-1b)根据滤波器的参数可以确定该滤波器的截止频率 ω_c 即可以通过的最大或最小频率;带通滤波器(图 6-1c)或带阻滤波器(图 6-1d)则须确定允许通过或被阻断的信号频率范围及通带范围或阻带范围。下面主要以低通滤波器、电容滤波器和电感滤波器为例进行介绍。

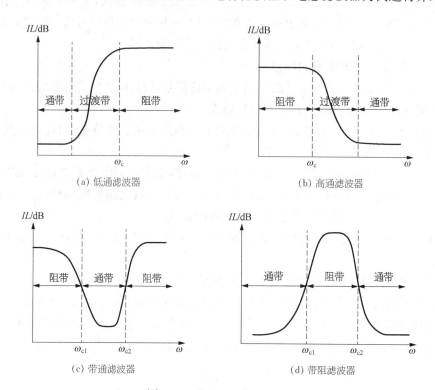

图 6-1　滤波器的幅频特性

6.2.1　低通滤波器

电磁干扰信号大多频率较高,因为频率越高的信号越容易辐射和耦合。数字电路中脉冲信号含有的高次谐波是不需要的,必须滤除,以防止其对其他电路产生干扰。电源线上的杂波也大多频率较高,且频率较高时,杂散电容和电感之间的相互串扰十分严重,因此电磁干扰滤波器一般常选用集总无源低通滤波器。电磁干扰滤波器与一般的低通滤波器并不相同,普通的低通滤波器大多从幅频特性、相频特性以及波形畸变等参数来考量滤波器性能;而电磁干扰滤波器则更注重插入损耗、能量衰减以及截止频率等参数。同时,电磁干扰滤波器要求工作电压高,额定电流大,能够承受瞬时大电流的冲击,又由于负载特性和源端特性也对电磁干扰滤波器的设计有很大的影响,故电磁干扰滤波器的设计不能完全参照普通低通滤波器技术来实现。采用 LC 等无源器件设计时,也要考虑到任何选择都无法实现低频有用信号完全不衰减,以及高频干扰衰减到零的理想结果。器件参数选择不当会使滤波器性能受到很大影响。

低通滤波器的基本结构如图 6-2 所示。电容滤波器一般并联于电压型噪声的端口;构成结构最简单的低通滤波器用来旁路高频干扰;串联电感滤波器用于抑制高频电流噪声;正反 Γ

型滤波器常用于携带谐波干扰的设备和电源谐波干扰的滤除。电源和负载都含有较强谐波干扰时,可以选用 T 型滤波器。在 Γ 型滤波器的基础上并联一个电容的结构称为 π 型滤波器,改变滤波器的输入阻抗,可对电源和负载的谐波干扰进行滤波。

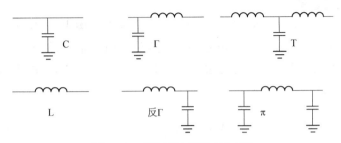

图 6 - 2 低通滤波器的基本结构

电容并联在需要滤波的信号线与信号地线之间(滤除差模干扰电流)或信号线与机壳地或大地之间(滤除共模干扰电流),电感串联在要滤波的信号线上。电路中的滤波器件越多,则滤波器阻带的衰减越大,滤波器通带与阻带之间的过渡带越短。不同结构的滤波电路适合于不同的源阻抗和负载阻抗。表 6 - 1 列出不同的低通滤波器对源阻抗和负载阻抗的要求。

表 6 - 1　不同的低通滤波器对源阻抗和负载阻抗的要求

滤波器名称	T 型滤波器	π 型滤波器	L 型滤波器	C 型滤波器
所要求的源阻抗 R_S	小	大	大	小
所要求的负载阻抗 R_L	小	大	大	大

6.2.2 电容滤波器

电容器是基本的滤波器件,可在低通滤波器中作为旁路电容使用,也可单独使用,如图 6 - 3 所示。电容器的容抗与频率有关,假设输入量为电流 $I_C(s)$,输出电压为 $U_o(s)$,则电容器的传递函数与频率特性分别如式(6 - 2)、式(6 - 3)所示:

$$A(s) = \frac{U_o(s)}{I_C(s)} = \frac{1}{CS} \tag{6-2}$$

$$A(j\omega) = \frac{U_o(j\omega)}{I_C(j\omega)} = \frac{1}{j\omega C} \tag{6-3}$$

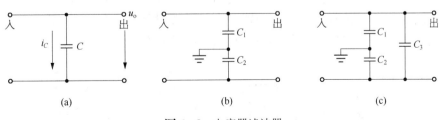

图 6 - 3　电容器滤波器

可以看出,随着频率的增大,滤波器阻抗减小,流过电容的电流 i_C 增大,滤波器的输出电压衰减逐渐增加,将高频干扰信号旁路到地,起到滤波作用。滤波器的电容要求具有耐压高、绝缘小、温度系数小且自谐振频率高等特点。差模干扰噪声可以通过在电源两端并联电容实现(图 6-3a);共模噪声可以通过将串联的两个电容中点接地的方式实现(图 6-3b);图 6-3c所示结构可以同时抑制共模和差模干扰。

6.2.3 电感滤波器

用于滤波的电感一般由导线环绕于磁性或非磁性材料上构成。非磁性材料一般为绝缘材料或空气,磁性材料多选用铁氧体。电感的感抗与流过电流信号的频率有关。如图 6-4 所示,假设输入电感的电流为 $i_L(s)$,电感上的感应电压为 $u_L(s)$,则电感的传递函数以及频率特性分别如式(6-4)、式(6-5)所示:

$$A(s) = \frac{U_L(s)}{I_L(s)} = Ls \tag{6-4}$$

$$A(j\omega) = \frac{U_L(j\omega)}{I_L(j\omega)} = jL\omega \tag{6-5}$$

显然,随着频率的增大,电感的感抗增大,电感两端的电压也逐渐增大,输出电压 $U_o(= U_i - U_L)$ 将逐步衰减,起到对高频干扰滤波的作用。

滤波器中的电感器件在负载额定电流的条件下,不应发生饱和,是具有温度系数较小且直流等效电阻小等性质。为了避免滤波电感的饱和,可选用共模扼流圈或利用不易饱和的磁芯电感。

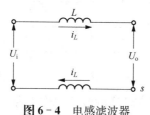

图 6-4 电感滤波器

6.3 电源线滤波器

开关电源是电子设备必不可少的组成部分,为了使其符合传导发射的电磁兼容标准要求,电源线滤波器则是必要的。滤波器一般须提供共模和差模噪声电流的衰减。图 6-5 所示是电源线上电磁干扰的形态,其中,电源相线(P)和地线(G)之间的干扰以及中线(N)和地线(G)的干扰称为共模干扰,即共模干扰可看作相线和中线传输的电位相等、相位相同的噪声信号;相线和中线之间的干扰信号称为差模干扰信号。通常把共模干扰和差模干扰信号看作独立的干扰源,把相线-地线、中线-地线看作独立的网络端口进行分析。

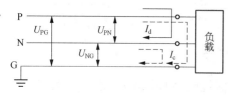

图 6-5 电源线上的干扰信号

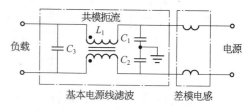

图 6-6 电源线滤波器结构

电源线滤波器是一个低通 LC 结构。由于滤波器的衰减量决定于阻抗不匹配的程度。电源线滤波器的作用就是使电源与负载的阻抗不匹配程度最大化。一般电源线滤波器结构如图 6-6 所示。电容 C_1 和 C_2 是相线对地的电容，被称为 Y 电容，通常取值 4 700 pF，与共模扼流圈 L_1 形成一个低通滤波器的共模部分，通常取值为 7 mH。电容 C_3 被称为 X 电容，通常取值 0.22 μF，与差模电感构成滤波器的差模部分，差模电感约 200 μH。

6.3.1　共模滤波器

通常电子设备对于共模干扰噪声，电源为高阻抗而负载是低阻抗，低阻抗滤波元件（电容）要应对高阻抗电源，高阻抗元件（电感）则应对低阻抗负载。将 LC 滤波器的电容器连接至负载侧，将电感连接至电源侧，从而设计成低源阻抗、高负载阻抗的共模滤波器。图 6-6 所示滤波器中，C_1 和 C_2 从共模的角度上是并联，因此等效电容量是两者之和。继而选择扼流圈的参数以达到共模衰减的要求。

为了增大衰减，提高频率特性，可以串联多个 LC 滤波器。图 6-7 所示是几种常用共模滤波器的结构，其中 Y 电容将共模信号旁路入地，X 电容将相线和中线上的共模干扰信号旁路，阻止流入负载。在需要低负载阻抗低电源阻抗时，可采取 T 型低通滤波器。

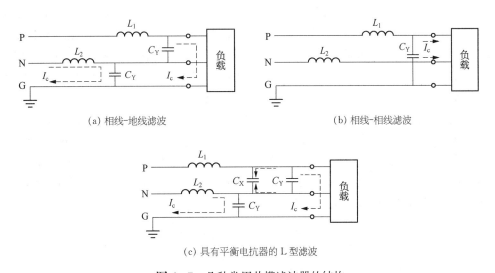

(a) 相线-地线滤波　　　　　　　　　　　　　　　(b) 相线-相线滤波

(c) 具有平衡电抗器的 L 型滤波

图 6-7　几种常用共模滤波器的结构

根据电力安全泄漏的要求，Y 电容的最大值一般限制在 0.01 μF 以内。X 电容则不高于 0.5 μF，典型值是 0.1~0.2 μF。为了安全起见，X 电容两端通常会并联一个 1 MΩ 左右的电阻，用于电源断开时对 X 电容的放电。

6.3.2　差模滤波器

图 6-6 所示电源线滤波器，对于差模干扰信号而言，两个 Y 电容（C_1 和 C_2）是串联连接的，当 $C_1=C_2$ 时，等效电容值减小一半，因此 Y 电容对差模噪声的衰减贡献不大，尤其是低频噪声。当差模滤波时，Y 电容通常忽略不计。为了提供一个较大的差模滤波电容，增加线对线电容 C_3（X 电容）。X 电容不接地，所以容量不会超过能量泄漏的限制。为了提高 X 电容纹波滤波能力，通常在共模扼流圈两边并联两个 X 电容，构成如图 6-8 所示差模滤波器。图 6-8 中电感对差模噪声进行衰减，X 电容将高频干扰旁路，避免其流入负载。

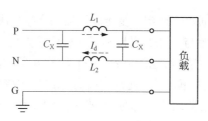

图 6-8 差模滤波器典型结构

6.4 信号线滤波器

信号线滤波器一般安装在传输信号的电缆线端口,基本原理与电源线滤波器相同。由于信号电压相对较低、电流较小,所以信号滤波器中电容的耐压和电感磁芯饱和等问题不用特别考虑。不同的设备和接口的信号频率不同,所以要求滤波器的截止频率也不同,这就需要滤波器的通频带要足够宽,信号线滤波以共模滤波为主。

在信号电缆线上使用滤波器时,首先要滤波器的截止频率不能低于信号的最高频率,也就是信号的带宽应涵盖在低通滤波器的通频范围内。对于模拟信号,信号的带宽很容易确定,对于处理信号脉冲上升沿为 t_r 的数字芯片,信号带宽可以初步定为 $(1/\pi)t_r$。当滤波器的截止频率低于 $(1/\pi)t_r$ 时,通过滤波器的脉冲上升沿变缓,可能影响电路的正常工作。由于实际工作的 t_r 可能留有裕量,可能导致实际工作中的数字脉冲信号带宽比较窄,所以实际工作中要根据情况调整截止频率,并通过实验的方法确定更好的滤波效果。

数字设备中信号线数量较多,一个接口一般有数十根信号线,因此要求信号线滤波器的体积尽可能小。为了压缩体积,信号线滤波器以电容为主,电感通常在信号线上套一个铁氧体磁环或磁珠实现。此时信号线滤波器的截止频率由电容决定。值得注意的是,如 6.3.2 节所述,滤波电容按照共模方式连接时,对于差模信号相当于两个电容串联,总容量减半,截止频率可以扩大 1 倍。常用接口的滤波电容参考值见表 6-2。

表 6-2 常用接口电路允许的滤波电容参考值

参数	接口类型			
	低速接口 10~100 kB/s	高速接口 2 MB/s	低速 CMOS	TTL
上升时间 t_r	0.5~1 ms	50 ns	100 ns	10 ns
带宽 BW	320 kHz	6 MHz	3.2 MHz	32 MHz
总阻抗 R	120 Ω	100 Ω	300 Ω	100~150 Ω
最大电容 C	2 400 pF	150 pF	100 pF	30 pF

6.5 滤波器的安装

6.5.1 电源线滤波器的安装

一般金属外壳的商用电源线滤波器的性能,与其安装位置、安装方法以及布线有着密切的关系。电源线滤波器安装时以下常见问题会影响其有效性:

(1) 滤波器安装远离机壳的电源线入口(图6-9a)。这样会导致电源线在机壳内到滤波器之间的部分继续接受电场和磁场的干扰,滤波器也不能滤出其后的电源线拾取的任何干扰。

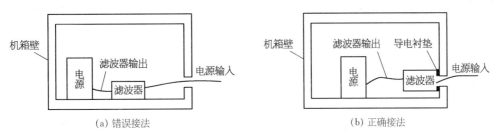

图6-9 滤波器安装实例1

(2) 滤波器的接地线等效电感减弱滤波器中Y电容的滤波效果(图6-10a)。

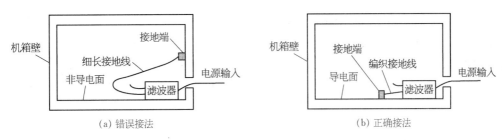

图6-10 滤波器安装实例2

(3) 滤波器输入与输出线之间存在分布电容(图6-11a)。这会影响滤波效果。因此严格禁止滤波器输入输出线平行或交叉,否则须使用屏蔽线避免滤波特性恶化。

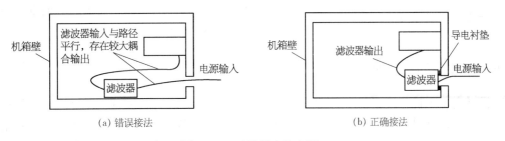

图6-11 滤波器安装实例3

较合理的安装实例如图6-12所示。滤波器安装在机壳的电源线入口处,滤波器金属外壳紧贴设备外壳,避免了外部场在机壳内的电源线上产生干扰,不必另设电源接地线,避免接地线等效电感的影响。设备外壳阻断了滤波器输入与输入线之间产生分布电容的可能。滤波器输出线应尽可能靠近机壳,可以使内部拾取干扰最小化。

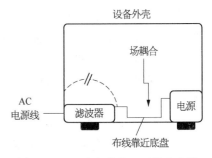

图6-12 正确安装的电源线滤波器

6.5.2 信号线滤波器的安装

信号滤波器一般安装在线路板或操作面板上。将滤波器安装在线路板上结构简单,成本较低,但是高频滤波效果较差,如图 6-13 所示。容易受到机内干扰和机箱外电源线也极易吸收和辐射干扰信号。改进方式一般是在机箱电源线开口侧安装面板滤波器,切断内外串扰的路径,如图 6-14 所示。

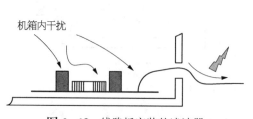

图 6-13 线路板安装的滤波器

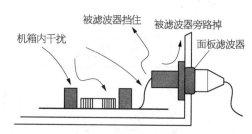

图 6-14 滤波器线路板安装改进

将信号滤波器安装在面板上可以消除滤波器输入和输出线之间的耦合,如果选用高频性能好的滤波元件可以获得最佳滤波效果。滤波元件主要有馈通滤波器、滤波阵列板和滤波连接器等方式。滤波连接器的常用方式是面板安装。滤波连接器与普通的连接器外形完全相同,每根插针或插孔上都有一个低通滤波器。当干扰频率高、抑制干扰要求严苛时,要在屏蔽体上安装滤波器。需要注意的是,面板安装的滤波器只能安装在金属板上,这样在提供滤波器的接地同时隔离滤波器的输入输出。如果是焊接安装要避免留下焊接缝隙,导致高频泄漏。螺旋安装要保证滤波器与面板的可靠搭接,使用带齿牙的垫片,并保持接触面的清洁。使用滤波连接器安装时,滤波器与安装面板之间一定要使用电磁密封衬垫避免造成电磁泄漏。尽可能减小滤波器与面板之间的搭接阻抗,防止产生较强的噪声电压。面板安装滤波器示意图如图 6-15 所示。

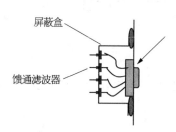

图 6-15 面板安装滤波器示意图

6.6 滤波器的设计概述

设计电磁干扰滤波器,首先要确定滤波器所需提供的插入损耗。在电气设备状况不太复杂的情况下,用信号分离器将待测电路未接入滤波器的干扰信号分离成共模和差模干扰信号。针对测量结果计算出滤波器中元件的参数。将设计好的滤波器接入待测电路,测量滤波后的干扰信号大小,并计算插入损耗,判定设计结果时候满足需要。对于比较复杂的电气设备,插入损耗很难通过计算直接获得,需要对设备进行测量。而且在测量中,电源和设备的阻抗不同,无法用同一标准衡量。而且电源接上负载之后阻抗也会发生变化,被测设备的噪声也会进入电源,使测量难以进行。因而实际测量中,要加入一种标准的隔离电路,隔断被测设备和电源间的噪声串扰,同时也起到稳定阻抗的作用。常用的隔离电路简称人工电源网络 LISN,它提供统一的 50 Ω 阻抗,以便对不同电网的测试结果进行比较。

6.6.1 电磁干扰滤波器设计方法

原始共模和差模信号的频谱分离测量可以通过专门的电磁干扰测试系统来实现,如图 6-16 所示,干扰信号通过电源线阻抗稳定网络(LISN)取出,经过信号分离器将共模和差模信号分离,由频谱仪测量,并将测量结果记录保存。

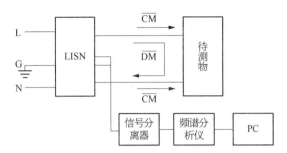

图6-16 干扰频谱分离测量法

得到共模和差模频谱后,通过式(6-6)、式(6-7)计算滤波器对共模和差模干扰应提供的衰减量,分别记作 $V_{AT,CM}$ 和 $V_{AT,DM}$:

$$V_{AT,CM} = (V_{AC,CM})_{dB} - (V_L)_{dB} + 6\ dB \tag{6-6}$$

$$V_{AT,DM} = (V_{AC,DM})_{dB} - (V_L)_{dB} + 6\ dB \tag{6-7}$$

式中, $V_{AT,CM}$ 为滤波器对共模干扰应提供的衰减量; $V_{AT,DM}$ 为滤波器对差模干扰应提供的衰减量; $V_{AC,CM}$ 和 $V_{AC,DM}$ 分别为共模和差模频谱中超过标准点的值; V_L 为规定的极限值。以上各值的单位均为 $dB\mu V$, 6 dB 是衰减裕量。

共模与差模的衰减量对应频率关系形成对数图形如图 6-17 所示,可以利用一条斜率为 -40 dB 的直线来确定转折频率。将该直线平移到与共模或差模衰减曲线相切的位置,并使整个衰减曲线至于直线下方,此时该直线与横轴焦点所指示的频率即为共模或差模滤波器转折频率。

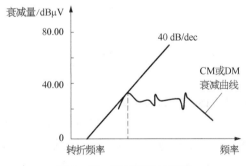

图6-17 转折频率的计算

6.6.2 电源滤波器的设计

电源中使用了大量的电磁干扰滤波器,因此,电磁干扰与电源的相关问题引起更多的关注。电磁干扰滤波器的负载常常是电源或开关电源,涉及功率校正电路的正常高效工作,这对电磁干扰滤波器的设计有更高的要求。

电磁干扰滤波器设计之初往往不能正确确定负载参数,尤其是电源性负载,会影响到滤波的效果。因此,设计电磁干扰滤波器需要与客户实时沟通,及时得到充足的负载信息,并修正设计参数。

图 6-6 所示滤波器也可以用于电源的滤波。一般情况下，滤波器主要接入主电源线，这在需要考虑电源阻抗和负载阻抗不匹配的同时也要考虑滤波器中串联电感和并联电容的参数选取。

1）并联电容的限制

电源电磁干扰滤波器中接于相线和地线之间的 Y 电容，其容值决定了泄漏电流的大小。如果泄漏电流过大不仅造成能量损失，也会危及工作人员的安全。如图 6-18 所示，地电流可以由式（6-8）决定。根据地电流的最大限制，可以确定 Y 电容的最大取值范围：

$$I_g = \sqrt{I_R^2 + (I_C^2 + I_Y^2)} \approx I_Y \times 2\pi f_m \times C_Y \times 10^{-6} \quad \text{（mA）} \qquad (6-8)$$

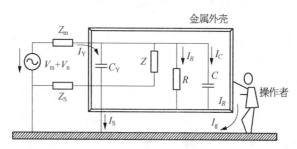

图 6-18 Y 电容上的泄漏电流

2）滤波器中电感的选取

滤波器中的串联电感受到电源工作频率下电压降落的限制，假设电网频率为 f_m、电网额定工作电流为 I_m，则电感上的电压降落为

$$\Delta V = I_m \sqrt{R^2 + (2\pi f_m L)^2} \qquad (6-9)$$

忽略等效电阻 R 上的电压，假定允许电感上的电压降为 ΔV_{max}，则串联电感的最大值为

$$L_{max} = \frac{\Delta V_{max}}{2\pi f_m I_m} \qquad (6-10)$$

6.6.3 无源滤波的插入损耗及阻抗测量

电磁干扰滤波器主要对电气设备工作状态下的电磁干扰噪声进行衰减，因此需要把握设备的动态工作特性，尤其是需要对设备的动态阻抗进行实际测量。图 6-19 所示为插入损耗测量原理示意图，可以将被测装置的特性忽略不计，通过实验测量建立工作状态实时共模阻抗非参数模型，把握工作过程的阻抗变化，可以较准确地测量阻抗并计算插入损耗。

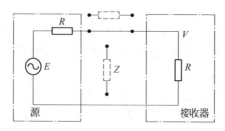

图 6-19 插入损耗测量原理示意图

在一个噪声源为 E、负载为 R 的被测电路中,插入阻抗为 Z 的滤波器。该滤波器可以串联插入,也可以并联插入,这取决于 Z 与 $50\,\Omega$ 标准阻抗的差别,如果 Z 远大 $50\,\Omega$,通常采用串联方式。

假设测量电路的电源与负载都是标准 $50\,\Omega$ 阻抗,而滤波器因阻抗 Z 较大串联插入电路。此时阻抗记作 Z_{se},滤波器未接入电路时的输出电压记作 U,接入滤波器后的输出电压为 U'。此时插入损耗的测量结果可以直接由式(6-11)得到:

$$IL = 20\lg\frac{U}{U'} \approx 20\lg\frac{Z_{se}}{2R} \tag{6-11}$$

如果滤波器的阻抗小于标准阻抗 $50\,\Omega$,则并联插入被测电路。此时的阻抗记作 Z_{pa},此时的插入阻抗可以由式(6-12)计算得到:

$$IL = 20\lg\frac{U}{U'} \approx 20\lg\frac{R}{2Z_{pa}} \tag{6-12}$$

由于滤波器 Z 的大小已知,因此可以估算出 R 的大小,通过这种方法也可以获得噪声源内部阻抗。

思考题

1. 衡量电磁干扰滤波器工作特性的主要参数有哪些?
2. 无源低通滤波器都有哪些结构?
3. 电磁干扰滤波器的要求与普通滤波器有什么不同?
4. 比较电容滤波和电感滤波的异同。
5. 简述 X 电容和 Y 电容的作用和选值范围。
6. 如何提高 X 电容的滤波能力?

第 7 章

电路与系统中的电磁兼容技术

本章内容

影响系统电磁兼容的主要因素,包括系统自身产生的干扰并在系统内引起的辐射耦合和传导耦合,以及来自外界的雷电、静电、电磁脉冲等。本章介绍了电子电路中的电磁兼容设计原则,对系统接地、搭接以及雷电冲击等常见电磁兼容问题进行分析并提出相应电磁兼容措施。

本章特点

结合前面章节中的电磁兼容技术,本章总结了电子电路中的电磁兼容设计原则,并分别从系统内部和外部干扰源的特点出发,介绍了系统接地设计、系统搭接设计和系统防雷设计的原则与措施。

7.1　电路中的电磁兼容设计原则

系统通常是用于完成某一特定任务的设备,例如一架飞机、一艘船舰、一辆汽车或一个变电所等。从产生电磁兼容的层次上,系统一般可分为电路板级别、设备级别、部件间的兼容问题,以及系统对所处的电磁环境的响应。影响系统级的电磁兼容的主要因素是系统自身产生的干扰以及在系统内引起的辐射耦合和传导耦合,还有来自外界的雷电、静电、电磁脉冲等对系统造成干扰等。系统之间的电磁兼容是指给定系统与其他系统之间的兼容,以及该系统对所处的电磁环境的响应。

控制电路是系统中必不可少的重要部分。随着数字通信时代的到来,越来越多的电气系统与电子设备采用数字控制系统。数字电路和模拟电路存在显著差异,因此在电磁兼容设计上也会有明显差别。模拟电路中通常包含大量运算放大器,很容易将外部耦合进来的噪声放大产生干扰,因此模拟电路中重点关注的是外部噪声源;而数字电路不包含运算放大器,工作在相对高的信号电平,具有较高的噪声容限,大约是 VCC 电压的 0.3 倍,因此对外部噪声相对不敏感。但是高速数字系统的电平变换非常快,它们很高的开关速度与导体电感相结合,常常成为主要的噪声源。例如,1 GHz 的数字电路的逻辑门在 1 ns 内开关,假设电源线的电感是 50 nH,瞬态电流是 50 mA,当该逻辑门切换状态时,会沿着电源线产生 2.5 V 的噪声电压。而一个数字控制系统中通常有大量的逻辑门,会产生大量的高频噪声,因此,数字系统是一种存在明显噪声和潜在干扰的射频系统。在重复频率的脉冲信号或时钟脉冲的上升和下降过程中,噪声电压通常出现在系统的接地、电源和信号导体处。通常的电子电路中都会由数字系统配合适当的外围模拟电路实现具体的控制功能,因此,本节会分别介绍在数字电路和模拟电路中的电磁兼容设计原则及 PCB 布线技巧。

7.1.1　数字电路中的电磁兼容设计

数字电路的内部噪声产生的主要原因有接地总线噪声(又称"接地反射")、电源总线噪声、传输线反射和串扰。

图 7-1 所示为一个由四个逻辑门组成的数字系统中,逻辑门 1 的输出电平高低切换时产生的接地噪声示意图。当逻辑门 1 的输出从高变为低时,会发生以下过程:在电平变换之前,逻辑门 1 输出为高电平,输出端对地杂散电容 C_s 被充电至电源电压;门 1 输出从高电平变换为低电平过程中,电容 C_s 需要通过门 1 放电,这个瞬态电流流过地线阻抗,在门 2 与门 1 的公共接地阻抗 Z_{gnd} 上形成地线噪声电压脉冲。如果门 2 此时输出为低电平,这个噪声电压脉冲就会直接耦合到门 2 的输出端,成为门 4 的输入信号。当噪声电压的幅度超过门 4 的噪声门限时,就会导致门 4 误动作。

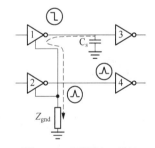

图 7-1　逻辑门 1 的输出电平高低切换时产生的接地噪声示意图

地线上的这些干扰不仅会引起电路的误操作,还会造成传导发射和辐射发射。为了减小这些干扰,应尽量减小地线的阻抗。需要强调的是,在数字电路中,地线阻抗不仅是地线电阻,更要考虑电感在高频下的阻抗。例如,宽 0.5 mm 的印制线,每英寸电阻为 12 mΩ,电感是 15 nH,对于 160 MHz 的信号,其阻抗为 9.24 Ω,远大于直流电阻。因此,对于数字电路,减小地线电感是十分重要的。

为了保证数字电路的可靠性,减小线路板上所有电路的地线阻抗是一个基本要求。在多层板中,往往专门设置一层地线面。但是由于多层板的成本较高,民用产品上较少使用,而是在常用的双层板上做地线网格,能获得和接地面几乎相同的效果。

双层板上的地线网格接法如图7-2所示。在双层板的两面布置尽量多的平行地线,底层布水平线,顶层垂直线,然后在它们交叉的地方用过孔连接起来。平行导体的距离越远,减小电感的作用越大,但考虑到每个芯片的近旁应该有地线,往往每隔1~1.5 cm布一根地线。在设计PCB板的过程中,先确定各元器件的布局后,在设计具体的信号路径之前就要设置好地线网格,若完成信号布线后就很难完成地线网格的设计了。

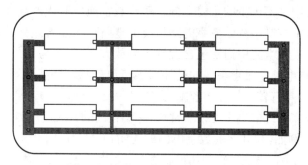

图7-2 双层板上的地线网格接法

概括来说,数字电路噪声的一般性措施主要包括以下方面:

(1)尽可能降低地线阻抗,采用接地面或地线网格。

(2)旁路电路要靠近集成电路的电源引脚。

(3)数字电路输入端不能悬空,可通过千欧级电阻上拉或下拉。

(4)触发器等集成电路的输入端和地线之间接入陶瓷电容,滤除高频噪声。

(5)采用动态特性好、低纹波和低电流噪声的电源供电,电源输出采用双绞线。

(6)抑制工频电源线对信号线、直流电源线的干扰。

(7)关键信号线(例如时钟信号线)不要太靠近电路板和不同区域的边缘。

7.1.2 模拟电路中的电磁兼容设计

目前在工业设备和控制系统中仍然有大量模拟电路在使用,因此,减少模拟电路的误动作和提高电路抗干扰能力,是电气与电子设备电磁兼容技术的重要内容。模拟电路中的主要噪声来源有公共地线上的地电位弹升(简称"地弹")、布线之间的相互耦合、高频开关噪声、电网浪涌电压噪声、空间辐射等。电子装置和设备通常采用模拟和数字电路混合系统,数字电路往往会成为微弱模拟信号电路的噪声源。模拟电路的干扰可分为内部噪声和外部噪声。

针对模拟电路或模数混合电路内部的噪声,可采取以下抑制和防护措施:

(1)器件布局不可过密。

(2)布线尽可能满足"3W"原则,即线与线之间的间距不小于线宽的3倍。

(3)电路板的边缘处,地线面比电源层和信号层至少外延出$20H$(H是电路板上地线面与电源线面或信号线层之间的距离)。

(4)分散设置稳压电源,必要时隔离供电。

(5)在所有集成电路的电源引脚并联旁路电容,且最好是大容量的钽电容或电解电容和小容量瓷片电容并联。

（6）尽量减小公共阻抗。

（7）信号回路越短越好,回路包围面积越小越好。

（8）模拟电路和数字电路要分开接地,避免单线接地,与功率地之间要串高频抑制器。

（9）在配线和安装位置上尽量减少不必要的电磁耦合,在输入电路接低通滤波器。

（10）提高传送电平和抑制传送线上的交流噪声来提高信噪比等。

加入旁路电容会明显减弱输出电压的振荡以及辐射噪声的强度,如图 7-3 所示为有无旁路电容时集成电路发生电平交换过程中电流流经回路的对比。

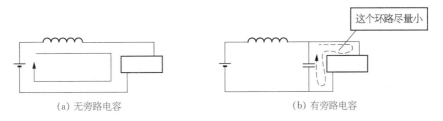

图 7-3　旁路电容的作用

图 7-4 所示为旁路电容的正确与错误放置方式。由图 7-4a、b 可知,当旁路电容和芯片均放至顶层时,连接旁路电容的引线则不可避免地过长,从而导致等效串联电感偏大。当旁路电容被放置到芯片的背面,如图 7-4c、d 所示,并通过过孔连接时,引线长度减到最小,若进一步增大 GND 连续的面积,则可把等效串联电感降到最小。

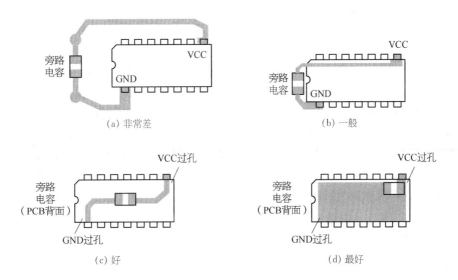

图 7-4　旁路电容的正确与错误放置方式

电子电路中有许多由功率器件所组成的高频环路,如果对这些环路处理得不好,就会对电路的正常工作造成很大影响。为了减小高频环路所产生的电磁波噪音,该环路的面积应该控制得非常小。如图 7-5a 所示,高频电流环路面积 A_c 很大,高频交流电流 $I(t)$ 所产生的电磁场 $B(t)$ 将环绕在此环路的外部和内部,就会在环路的内部和外部产生很强的电磁干扰。同样的高频电流,当环路面积A_c设计得非常小时,如图7-5b所示,环路内部和外部电磁场互相抵消,整个电路则会变得非常安静。

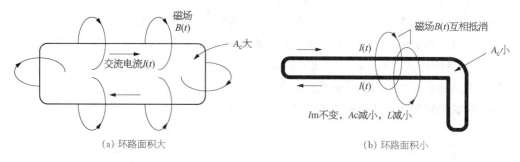

(a) 环路面积大　　　　　　　　　　　　(b) 环路面积小

图7-5　高频环路

此外,应注意不同焊盘的形状会产生不同的等效串联电感。图7-6显示了几种不同形状的焊盘寄生串联电感值。

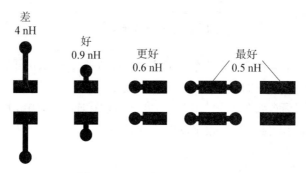

图7-6　焊盘寄生串联电感值

针对来自电路外部的噪声,也可以采取相对的措施加以抑制。例如,针对中高压电路附近的静电感应噪声,可以对电子装置、引线和远距离传送信号的输入输出线用良好的接地屏蔽,并尽可能缩短信号线长度、减少电路阻抗和对整个系统实行全屏蔽;针对强磁场对附近集成电路的影响,可使信号线远离产生电磁感应的电力线,或使二者相互垂直,有必要时可施加电磁屏蔽等措施;针对高频装置、火花放电等产生的电磁波噪声以及晶体管内部产生的高频噪声,可采取屏蔽隔断噪声传递路径、更换产生较大干扰的元器件等;针对电网浪涌电压噪声,可以在线路上设置各种滤波器、浪涌抑制器等。

7.2　系统接地设计

许多系统的电子线路被安装于大型的设备机架或机柜里,一个典型的系统将包括一个或多个这样的设备外壳。这些外壳大小、相对位置都有很大的不确定性,工作环境也有很大不同,例如可能位于船舰、飞机或建筑内,也可能暴露在野外。设备供电可能是交流或直流,设备接地的目的包括电力安全、雷电防护和电磁兼容控制等。系统接地设计是电磁兼容设计的重要内容之一,在控制电磁传导干扰方面,接地是最容易实现、也是比较有效和经济的方法,但又比较难把控的一种抑制传导干扰方法。如果接地不当反而会引发一些电磁干扰,而且系统的接地技术不能仅限于理论,更重要的是在具体工程中如何实现。系统接地大致可分为功能性接地和保护性接地。保护性接地主要有防雷击、电击和静电接地等,用于防止供电泄漏或雷击等情况下触电事故的发生,通常是通过接地使系统与大地之间的电位差约为零。功能性接地主要是处理好系统内各设备中电路工作的参考电位,抑制干扰,确保电子电气设备正常、稳定和可靠地运行。

7.2.1 系统接地主要原则

为了确保系统内部设备、人员安全和系统的电磁兼容性,工程上装备的各个部分应实现有效的电气搭接,构成一个完整的接地网络,一般以设备的金属外壳结构作为主要参考地。系统接地网络设计是个复杂的工程,这是因为系统内的设备或子系统一般工作频段不同,从直流到 GHz 量级,电磁环境也比较复杂,为了简化问题,通常将整个接地体系的设计分成若干部分,如小信号、大信号以及机壳等接地设计。各部分的基准接地点可根据系统内部的布置情况分区选取,同时防止各部分的相互干扰。系统接地设计主要原则依据如下:

(1) 整个系统平台应具有相同的基准电位,这个一般通过系统的接地网络来实现。

(2) 所有设备的外壳、底座、框架以及其他大的金属部件都应采用熔焊或低阻搭接等方式链接。

(3) 当设备频率低于 1 MHz 或接地线的长度小于信号波长的 1/20 时,应采用单点接地,以减小接地环路的感应电流对设备的干扰;当设备频率高于 1 MHz 时或接地线的长度大于信号波长的 1/20 时采用多点接地,接地线应尽可能短,以减小接地线上的感应电压对设备的干扰。

(4) 将设备和线缆按其功能和电特性进行分类以形成各自的接地体系,且各部分设备互不干扰。

(5) 系统所有数字设备应设有专用的数字接地体系(图 7-7),所有电子电气设备接地或搭接的直流电阻要尽量小,如小于 10 Ω。

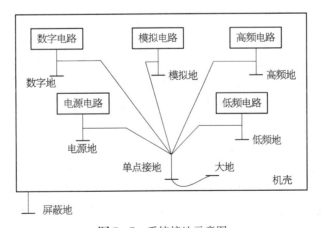

图 7-7 系统接地示意图

7.2.2 系统设备机壳接地方式

从系统类型的角度上,大型设备外壳接地是分层次的。群集系统一般是指在一个较小区域内有若干个设备机柜或多个设备机壳,系统的设备之间可能还有多个相互连接的 I/O 电缆。

1) 群集系统的安全地

为了安全,系统里的所有设备外壳须与交流电源的地线相连。这种相连的方式可以是单点或多点接地。最好的方式是如 4.3.1 节中图 4-5 所示并联型或星形接地,每个设备外壳或机架用单独的接地线与主接地总线相连。因为每个设备的接地线比串联的情况流过的电流要小,所以接地线上的压降也较小。设备外壳的接地电位是自身接地电流的函数,因而在很多情况下,这种接地方式有更好的噪声抑制性能。

2) 群集系统的信号接地

设备内部的接地应该适应电路的类型及工作频率,各组件之间信号接地参考点可能是单点、多点或混合,无论哪种要适合所设计的信号特征。如果是单点,信号接地的参考点通常由符合信息系统要求的指定设备的接地线提供;如果是多点,信号地可由电缆屏蔽层、辅助接地线、宽金属带、一个导线网格或完整的金属面提供,就效果来说,完整金属面是最好的选择。对于非敏感电子设备,在一个干扰较小的良好环境下,信号地用电缆屏蔽层或辅助接地线也是可以的。

在分离的单元之间,最宽的频率范围内获得低阻抗信号接地连接的最好方式是将它们用一个完整的金属接地面互相连接,如图 7-8 所示。

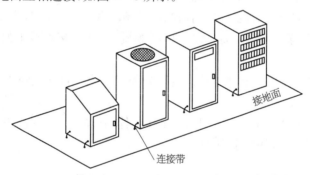

图 7-8 分离单元间的接地面

接地面的阻抗比任何接地导线的阻抗小 3~4 个数量级,这实际上是一个多点接地系统。第二种较好的接地方式是接地网格。网格可以看作具有很多洞的面,只要设计好最高频率,洞的尺寸小于波长的 1/20,网格的性能则接近于接地面,且网格比较经济,易实现较好的接地效果。

在多点接地系统中,每个电子设备的机壳或机架要用符合电气标准的接地线接地,每个机壳或机架与另一个设备相连,形成多点接地,用接地网格代替接地面可以适用于直流和高频交流,是最优的接地方式。对于雷电防护,接地网格应与任何一个穿过它的金属管道、建筑钢筋等连接在一起,也应与距它 6 ft 以内的任何金属物体相连,提升其防雷效果。

3) 接地带

为了使接地电感最小化,设备机壳与接地网格一般用长宽比例小于 3∶1 的短金属带在多处(4 处以上)连接。因为直径与电感之间的对数关系,增加圆形导线的直径不会影响接地性能并减小电感。接地带状线可由实体金属或编织线构成,编织线比较灵活但容易在单股线之间形成腐蚀而增大其阻抗,使用时编织线应镀锡或镀铜。电感也可以通过使用多个接地带的方式来减小,接地线的电感与所用接地线的数量呈线性关系,两个并联带状线的电感将是一个带状线的一半。因此,为了获得低阻抗的接地,高频设备应尽可能选用最短的、长宽比最小的多条接地带状线。

　　设备机柜或机架经常会因为表面绝缘漆而导致与接地面绝缘的情况,那么设备与接地面的电气连接就是通过电气搭接的带状线实现的,这样会使机壳与接地面存在寄生电容而产生谐振问题,如图 7-9 所示。

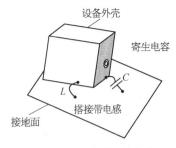

图 7-9　搭接谐振的产生

　　谐振频率 $f = \dfrac{1}{2\pi\sqrt{LC}}$,其中 L 为接地带的电感,C 为机壳与接地带之间的寄生电容。因并联谐振发生时呈现高阻,使机壳与接地面隔离。但系统在工作频率之上的某处保持这种接地,此时带装线的谐振是有利的,为了增大谐振频率,可以并联多个短而宽的接地带状线,或抬高设备机柜与接地面的距离以减小寄生电容。

　　4)分布式系统接地

　　分布式系统通常有很多设备机壳、机柜或机架,其在物理上是分离的,可能处于不同房间,甚至不同的建筑物,但是系统各组件间有多个互联的 I/O 电缆,例如大型的工业系统中过程控制设备以及大型计算机网络等。这些互联电缆的长度如果超过信号频率的 1/20,接地设计也变得棘手。

　　在分布式系统中,不同的设备组件通常有单独的交流电源、安全地和防雷接地,相互之间一般是隔离的,可选择适当的接地作为分布系统的安全地。内部信号的接地应适用各设备的电路类型和工作频率。分布式系统的主要问题是系统内必须互连的各组件间信号传输及电缆线的处理。所有的信号端和互连电缆应被看成存在于嘈杂环境的情况进行接地设计。

　　设计确定适用的 I/O 处理时,主要综合考虑的问题有:信号的特性,选用的电缆和滤波类型。信号是模拟信号还是数字信号,是平衡的还是不平衡的,频率幅值是多少;电缆是单线还是双线,是同轴还是带状线;如果进行屏蔽,应该单端接地、双端接地还是混合接地,该用哪种形式的隔离和滤波。

　　在汽车、飞机以及船检等电子系统中常用其底盘、机身等作为直流电源的地环路,以作为该系统中的信号参考地。因为所有的地电流都从地环路上流过,其共阻抗耦合导致不同位置之间有电压差,从噪声和干扰的角度考虑,这样的系统非常不利于整个系统的电磁兼容问题。通常用一个双绞线并联于底盘回路,以此可以减小从电源拾取的任意差模磁场。这样低频返回电流仍通过底盘返回电源,高频将通过双绞线返回,从而干扰其他设备的辐射就会减弱。而且如果底盘或外壳地被污染损坏等形成高阻状态时,电源电流可以通过双绞线返回,提高了稳定性。

7.3　系统搭接设计

　　搭接技术是系统中常用的技术之一。系统搭接是系统中两个金属物体如零件、设备外壳等,在需要连接时,通过机械或化学的方式建立一条稳定的低阻抗电气通路,以便提供电源、信号的完整通路,避免在互相连接的两金属间形成电位差,确保在产生浪涌电流时有低阻抗通路。通过搭接降低设备外壳上的射频感应电势,防止静电电荷聚集,实现抑制射频干扰和雷电干扰,保证系统电气性能稳定可靠,保护设备及人身安全。

　　搭接是连接两个金属结构或物体之间的电气单元,用以为电流的流动提供一个低阻抗路径。因此,搭接是为被连接的导电表面之间建立一定程度电连续性的过程,但容易产生电磁兼容问题。系统性能降级也往往可以追溯到电路回路的搭接或逐渐劣化的搭接设计等情况,例如因老化、腐蚀或者其他环境应力引起的搭接松动、破坏和脱落等。同时,连接器外壳与设备外壳之间的良好搭接对电缆屏蔽的完整性也非常重要,外壳设备缝隙或接合部位的搭接是提高电磁屏蔽效能的有效手段。如图 7-10 所示,滤波器、电源端的干扰电流可能因较高的搭接阻抗而到达负载端,反之,负载端的干扰电流也可能到达电源端。

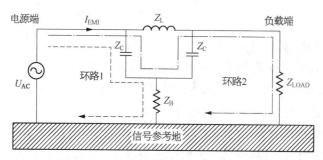

图 7-10 搭接阻抗对滤波器效能的影响

7.3.1 搭接的分类

系统搭接按其功能可分为雷电防护搭接、静电防护搭接、电流回路搭接和放射频干扰搭接等。从搭接的方法上可分为永久性搭接和半永久性搭接。永久性搭接是利用两种结构铆接、焊接和压接等工艺将两种金属固定连接。这种方式不要求检查、维修等情况下的拆卸,而要求确保设备在全寿命期内保持固定安装位置和稳定的低阻抗电气通路等电气特性。与之对应,半永久搭接则是利用螺栓、螺钉、销键等禁锢装置辅助零件将两种金属连接的方法,如果有检查、维修等拆卸或更换部件需求的情况,可采用半永久性搭接。

从搭接的形式可以分为直接搭接和间接搭接。直接搭接是在互连的金属之间不使用辅助导体,而是直接由两种物体特定部位表面接触,建立一条导电良好的电气通路,如图 7-11 所示。直接搭接一般通过焊接工艺在金属结合处建立起一种熔接,或利用螺栓铆钉等在大姐表面之间保持强大的压力来获得电气连续性。间接搭接是利用中间过渡导体、搭接条、搭接片或缆线等把需要连接的金属构件连在一起,一般用于 10 MHz 以下的低频范围。许多场合需要是两种相互连接的设备在空间位置上必须分离或保持相对的移动,这就可以选用间接搭接方式。良好的间接搭接应在整个工作频谱范围和寿命周期内维持足够低的阻抗。搭接用的固体金属条一般为铜或铝。间接搭接是直接搭接不可行时的替代方法。间接搭接的使用实例如图 7-12 所示。

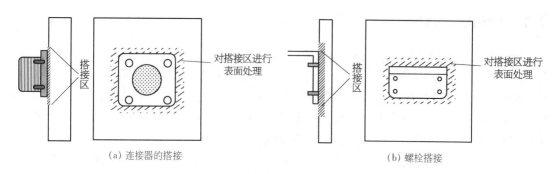

(a) 连接器的搭接   (b) 螺栓搭接

图 7-11 直接搭接

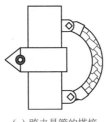 

　　　　　　(a) 跨夹具管的搭接　　　　　　　　　(b) 夹具的连接

图 7 - 12　间接搭接的使用实例

7.3.2　不良搭接的危害

　　在零部件、组件较多的情况下,不良的搭接设计将可能影响设备或系统的稳定运行,甚至危害设备及人身安全。电流通路上存在不牢靠连接搭接点,或者由于振动使搭接点松动,在搭接点产生电火花可能形成频率达几百兆赫兹的干扰信号。防雷电保护网络中,雷击放电电流通过不良搭接点时,会在搭接处产生几千伏的电压降,由此产生的电弧放电可能造成火灾或其他危害。信号电路接地系统中,各个设备之间搭接不良会使接地措施形同虚设。不良搭接使搭接阻抗增加,会在搭接处形成干扰电压降、破坏接地等。搭接条须提供连续路径,将电信号传输到另一个基础结构体上,如图 7 - 13a 所示。如果出现断续搭接(图 7 - 13b),则电通路阻抗增加,导致干扰压降增大等危害。

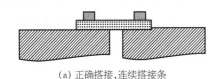 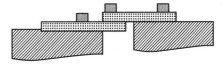

　　(a) 正确搭接,连续搭接条　　　　　　　　(b) 错误搭接,搭接路径中出现中断

图 7 - 13　间接搭接的正确和错误使用

　　如图 7 - 14 所示,搭接的首要要求是在两个连接的物体之间构成一个低阻抗的连接,所以搭接阻抗是验证搭接质量的一个重要参数。

　　通常搭接阻抗采用“电阻”定义,即 DC 搭接电阻。但不可作为高频时衡量搭接质量的指标,因为高频下导体电感、分布电容、驻波效应和路径谐振等因素都会对搭接阻抗产生影响。一般搭接阻抗随着时间和设备的使用应维持在较低范围。在产品设计中,限于操作性,只能参考直流搭接阻抗。

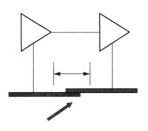

图 7 - 14　搭接阻抗的产生

　　对于同一种搭接形式,其直流电阻与其高频阻抗有一定的对应关系,因此可以比较直流电阻来反映搭接的性能。规定直流搭接阻抗有利于促使设计人员提高工艺措施,保证工艺规范的实施,提高搭接的可靠性。如果要求较低的搭接阻抗,就必须保证接触表面清洁、保证足够的搭接面积和接触力,将腐蚀等其他导致搭接阻抗增大的因素降至最低。搭接阻抗在等效电路及阻抗特性低频时,可采用合理长度的搭接线,但在高频时,搭接线的射频阻抗成为关键的设计考虑因素。搭接条可能出现自谐振或与设备附加的寄生电抗谐振,这都会导致搭接路径的阻抗明显增大。搭接条的基频可近似表达为

$$f_T = \frac{1}{2\pi\sqrt{L_S C_C}} \tag{7-1}$$

式中，f_T 为搭接条的谐振频率；L_S 为自感；C_C 为搭接条与被搭接部件之间的分布电容。

图 7-15 所示是搭接条简化等效电路及高频下的等效电路。图 7-15a 中电阻 R_S 的大小由搭接条的材料和尺寸决定；电容 C_S 取决于搭接条与被搭接部件的位置关系以及搭接点的面积；电感 L_S 则主要取决于搭接条的尺寸。此外，等效电容和电感还取决于被搭接的设备外壳等因素的影响。图 7-15b 中所示的 L_C 和 C_C 则分别是被搭接设备外壳的等效电感以及设备外壳与参考平面间的分布电容。

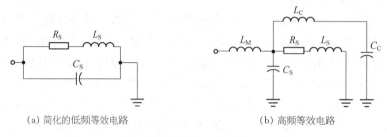

(a) 简化的低频等效电路　　　　　　　　(b) 高频等效电路

图 7-15 搭接条简化等效电路及高频下的等效电路

图 7-16 所示是搭接阻抗测试电路。在谐振频率附近搭接阻抗最大约几百欧，接近谐振频率的干扰信号极易通过搭接点进入设备。通过图 7-16a 所示测试电路，改变测试信号频率，画出搭接阻抗随频率变化的曲线，如图 7-16b 所示。实际工作中尽量选择曲线起点部分的理想工作区域。

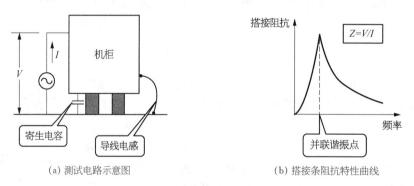

(a) 测试电路示意图　　　　　　　　(b) 搭接条阻抗特性曲线

图 7-16 搭接阻抗测试电路

7.3.3 搭接材料的选择

搭接设计时，往往涉及不同的金属接触。在有一定湿度的空气中，不同金属的直接接触会产生腐蚀，这种腐蚀会损坏电气接合完整性，降低搭接效果，甚至因为腐蚀区的非线性而产生电磁干扰。为了避免腐蚀，须直接接触的金属应尽可能选择电位序相对靠近的金属材料，一般搭接使用铜或铝材。搭接材料的电极电位应与被搭接金属的电极电位接近，如相差较远，须施以适当电镀，或在确保其导电性能的前提下增加垫圈等辅料。如图 7-17 所示，长导线一般适用于 DC-60 Hz 的场合，对高频信号的电磁兼容性能较差。短导线的高频性能比长导线略好。短而宽的金属编织线可以适用于 3 MHz 以内的搭接环境，高频信号下，搭接性能最好的是短而宽的金属板，最好是与搭接主体材质相同的金属板（图 7-17）。图 7-18 所示是长导线搭接的实例,当频率较高时可选用短而宽的带状线和利用带多个紧固螺钉的 U 形金属片搭接,接口处可以焊接填充缝隙。

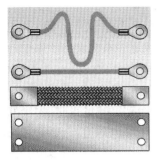

图 7‐17　长导线搭接

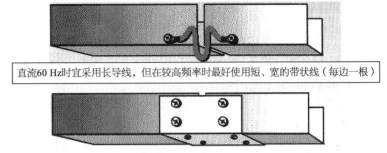

直流60 Hz时宜采用长导线,但在较高频率时最好使用短、宽的带状线(每边一根)

图 7‐18　长导线搭接实例

表 7‐1 为金属搭接允许的组合方式,紧固螺钉分为两类:铝质或钢质镀镉、镀锌为Ⅰ型,不锈钢钝化为Ⅱ型。从防腐要求看,Ⅱ型优于Ⅰ型。

表 7‐1　搭接面金属材料组合方式

结构材料	铝搭接条/螺钉形式	铜镀锡搭接条/螺钉形式
镁、铝合金	直接或镁垫圈/Ⅰ型	铝或镁垫圈/Ⅰ型
锌、镉、铝、铝合金	直接/Ⅰ型	铝垫圈/Ⅰ型
钢(不锈钢除外)	直接/Ⅰ型	直接/Ⅰ型
锡、铅、锌铅合金	直接/Ⅰ型	直接/Ⅰ型或Ⅱ型
铜、铜合金	镀锡或镀铬垫圈/Ⅰ型或Ⅱ型	直接/Ⅰ型或Ⅱ型
镍、锡合金	镀锡或镀铬垫圈/Ⅰ型或Ⅱ型	直接/Ⅰ型或Ⅱ型
不锈钢	镀锡或镀铬垫圈/Ⅰ型或Ⅱ型	直接/Ⅰ型或Ⅱ型
银、金、贵金属	镀锡或镀铬垫圈/Ⅰ型或Ⅱ型	直接/Ⅰ型或Ⅱ型

7.3.4　电气搭接的阻抗要求

搭接是在两个连接的物体之间构成一个低阻抗的连接,所以搭接阻抗是验证搭接质量的一个重要参数。搭接阻抗可以满足 DC 搭接电阻衡量。高频搭接阻抗则决定于本征导体电感、分布电容、驻波效应和路径谐振等因素。搭接阻抗随着时间和设备的使用应维持一个低值状态。在产品设计中,一般只能参考直流搭接阻抗。对于同一种搭接形式,其直流电阻与高频阻抗有一定的对应关系,因此可以比较直流电阻来反映搭接的性能。实际操作中,规定直流搭接阻抗范围以提高工艺措施,保证工艺规范的实施,提高搭接的可靠性。如果要求较低的搭接阻抗,就必须保证清洁接触表面、保证足够的搭接面积和接触力,将腐蚀等导致搭接阻抗增大的因素降至最低。在产品设计中,一般结构件通过 M5 螺纹连接,保证直径大于 15 mm 的搭接面积,较容易实现小于 100 mΩ 的搭接电阻。对于轨道机车内的电子设备,搭接电阻不应大于 100 mΩ。直接搭接只要正确实施,阻抗可维持足够低,满足使用要求。但间接搭接因搭接条(线)的使用,涉及较为复杂的阻抗计算,须根据实际情况检测判断,并改进以使搭接阻抗满足标准要求。尤其要注意低频环境和高频环境下,搭接条(线)的射频阻抗有明显差异,需要避免高频时搭接条(线)上的谐振引起搭接路径的阻抗增大,影响搭接效果。

7.4 系统防雷设计

雷电是一种常见的自然现象,为长达数千米的电气火花放电现象,一般包含前导放电和主放电等阶段。这种强烈的放电现象会对暴露在室外的或者距离雷电较近的系统设备产生很强的干扰甚至危害。因此,系统的防雷设计也是系统电磁兼容设计的关键技术之一。

7.4.1 雷击电流的特点

当带不同静电的云层之间或云层对地之间的电厂强度达到约 $1000\,\text{kV/m}$ 量级时,大气就会被电离体形成等离子体气流,从而产生泄放电荷或中和电荷的等离子导电通道,该通道可长达数千米。通道电流非常大,可使通道周边气体瞬间膨胀产生耀眼的闪电和震耳的雷鸣。雷电放电电流产生的电磁脉冲能量可达数百兆焦耳,雷击电流的变化率可达 $10^5\,\text{A/}\mu\text{s}$。

如图 7-19 所示,积雨云累积大量的空间电荷,分离成正、负电云层,云层之间、云层与地之间形成极高的电场。

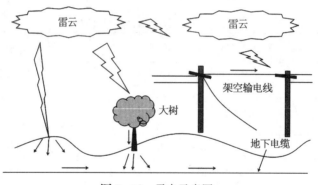

图 7-19 雷击示意图

雷电电流是一个非周期性的脉冲波,雷击电流的基本波形如图 7-20 所示。把电流从零升高到幅值的时间定义为波头时间,把电流幅值减低到一半的时间定义为波尾时间。图中的 t_1 表示视在波头,t_2 表示视在波尾。一般雷击电流到达波尾约为 $65\,\mu\text{s}$,雷击电流到达峰值的时间约为 $7.5\,\mu\text{s}$。

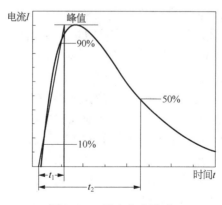

图 7-20 雷击电流波形

7.4.2　雷击对电力系统的危害

雷击是输电线路的主要危害之一。架空线路一般长度长,且暴露在旷野之中,极易受到雷击而使线路绝缘子闪络,导致跳闸、供电中断。雷击还会使线路产生过压并沿线路传播侵入变电所和发电厂,造成事故。

电力系统是一个复杂的系统,不仅有各种电气设备,还有输电线路。交流输电电压一般在 3~1 000 kV,甚至更高,输电线路长度可达上千公里。在恶劣的电磁环境中,既要考虑电气设备中的芯片、电子元件的安全和可靠工作,还要考虑架空线的雷电、谐波等干扰,所以电磁兼容问题尤为重要。

电力系统的电磁干扰如果按照来源可划分有谐波干扰、开关操作引起的干扰、雷击干扰、二次回路互相之间的干扰和电子设备内部的干扰总共五大类。

发电厂、变电站一般建在空旷的野外,其高大的构架和设备、良好的接地,使其本身就成了一个引雷体,容易遭受直击雷。发电厂和变电站输变线路输送距离远且分布面广,遭受雷击的概率很大,有资料表明沿线路侵入的雷电波是造成变电站雷害事故的主要原因。雷击线路分为雷直击线路、雷击线路附近地面引起线路上感应过电压、云层中放电引起线路静电感应三类。任何雷击线路的最终结果都是引起一个陡度很大、峰值很高的雷电波,然后沿输电线进入到变电站的母线、电压互感器、电流互感器、耦合电容器等一次设备上,再通过导体耦合、电容性耦合、电感性耦合、空间电磁辐射四种主要途径与方式造成干扰。

雷击干扰线路途径与方式多种多样,且与现场的设备布置、电缆走向以及地网的状况有极大关系,一些变电站、发电厂接地装置年久失修,地网严重腐蚀,引下线断裂等故障会造成直击雷泄流不畅而引起局部地网电位过高,形成雷击干扰。某水电厂 2000 年在开关场附近的大坝遭受直击雷,造成厂内励磁机屏、发电机保护屏、线路保护屏等二次设备损毁。现场勘测分析直击雷是引起地网局部电位升高的主要原因。雷击点地电位的计算公式为

$$U_g = I_g R_g \tag{7-2}$$

式中,I_g 为流经入地点的雷电流,可取出现概率为 50% 的 32.5 kA 幅值的雷电流;R_g 为现场实测接地电阻,数值为 1.3 Ω。那么当时在入地点附近的接地网上就会产生 $U_g = 32.5 \times 1.3 = 4.25$ kV 的高电位,与此同时在坝内的水电厂用变的中性点电位没有立即随之升高,这就造成了雷击点附近开关站与地网相连的保护屏外壳电位比屏内设备的直流电位还高,形成外壳对设备放电(即"反击"现象)。二次电缆外皮是在开关站与坝内主控室两点由直接雷击造成开关站地电位升高,则会有电流流过二次电缆外皮,该电流通过电磁耦合在二次电缆芯线上感应出电势对二次设备造成干扰。当大电流流过二次电缆屏蔽层时还会烧毁二次电缆外皮,这点可从当时视频监视系统的控制电缆外皮被烧熔得到证明。雷击落地点电位升高后由于电势差还会在地网上形成强大的电流,由于地线都是沿着电缆沟铺设,地线上的雷电流会通过电磁耦合对附近电缆架上的二次电缆内部芯线构成共模干扰,从而危害电缆所连接的二次设备。电源通道是雷电流入侵的一个非常主要的通道,例如某 220 kV 综合自动化变电站在一次直击雷事故中就有 7 套微机测控装置、1 套微机保护装置的电源插件损坏,极大地影响当地电网运行。

7.4.3　系统防雷措施

直击雷主要危害暴露于野外的变电站或架空线路。一般使用避雷针或避雷线。变电站的直击雷过电压保护可采用避雷针或避雷线,变电站屋外配电装置,包括组合导线和母线

廊道应设直击雷保护装置。主控制室和配电装置室可不装设直击雷保护装护置。为保护其他设备而装设的避雷针,不宜装在独立的主控制室和 35 kV 及以下变电站的屋顶上。采用钢结构或钢筋混凝土结构有屏蔽作用的建筑物的车间变电站可装设直击雷保护装置。

架空线路防雷击主要有防止雷击断线、防止雷击隔电子和防止雷击木杆等。防止终端设备遭受雷击从理论上增加输电线长度或在输电线上加装架空地线,可以使输电线在遭受雷击时避免断线。但是考虑到远距离输电,这将大大增加输电成本,实际应用中一般只在个别多雷区加装架空地线,架空地线的高度一般高于输电线 1.5 m 左右。在一些结构复杂,装设有重要设备的电杆上安装避雷线,可以防止直击雷的危害。

7.4.4 雷击试验概述

雷电防护是现代系统设备电磁兼容测试的一项重要内容,雷击试验是研究模拟雷电直接或间接作用系统时,如何确定及验证考核指标,选择什么关键部分进行试验验证等关键问题,以此来检验系统防雷设计的合理性及可靠性,是否满足电磁兼容的要求。通常直击雷防护用的避雷针装在建筑顶部,而泄放通路等设备安装在建筑内。对雷电的电磁兼容问题主要是感应雷击造成的浪涌和电压降落等干扰问题。

雷电实验中模拟的现象包括:①雷电产生浪涌电压电流,直击雷作用于系统户外部分,注入大电流流过避雷装置接地电阻或外部电路而产生浪涌电压。②间接雷(云层之间的雷击或直击附近物体而产生的感应电磁场)在建筑物内外导体上产生感应电压和电流。③系统附近直接对地放电的雷击电流,耦合到设备组合接地系统的公共接地路径时产生的感应电压导致雷电保护装置动作,电压电流的瞬间变化并耦合到系统内部。

浪涌的原因是电力系统的开关瞬态和雷电瞬态;而浪涌抗扰度试验的主要目的是建立统一的试验标准基准,用以评价电气和电子设备在遭受浪涌(冲击)时的功能。依据规范 IEC 61000 - 4 - 5 浪涌冲击抗扰度试验一般要求,雷击浪涌发生器模仿 1.2/50 μs 电压波形、8/20 μs 电流波形(见图 2 - 1)和组合波形(电压波形 10/700 μs,电流波形为 5/320 μs)。经过耦合网络,将波形耦合至被测电路中。电压电流波形构成雷电防护实验的标准雷电环境,以满足不同的雷击电压电流的实验要求,用以检测被测电路各项雷击兼容及保护特性。

试验一般选用 A、B 两种波形,A 为雷电基本波形,电压上升率为(1 000±50)(kV/μs),实验器件被击穿或闪络,电压降为 0,如果不击穿则电压下降率不做要求。波形 B 为雷击电压全波形,假定试验对象没有被击穿或发生闪络现象,其视在波前时间为(1.2±0.24)μs,视在半波峰时间为(50±10)μs。波形 D 为缓波头,其视在波前时间为 50～250 μs。雷电试验电压波形如图 7 - 21a 所示,分为 A、B、C、D 四个分量,用于分别模拟自然雷击放电过程的电流特性,确认被测设备的雷电的直接效应。电流分量 A 为初始高峰电流,峰值为(200±20)kA,持续时间不超过 500 μs;分量 B 为中间电流,平均幅值为(2±0.2)kA,最大持续时间为 5 ms;分量 C 为持续电流,持续时间为 0.25～1 s,平均电流幅值为 200～800 A;电流分量 D 为重复放电电流,电流峰值为(100±10)kA,总持续时间不超过 500 μs。雷电试验电流全波形如图 7 - 21b 所示。

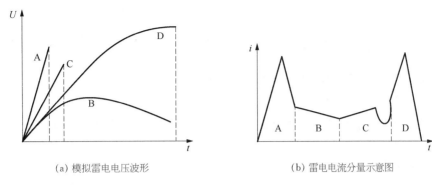

(a) 模拟雷电电压波形　　　　　　　(b) 雷电电流分量示意图

图 7 - 21　雷电模拟电压和电流示意图

常用的两种类型组合波发生器,根据受试端口类型的不同,有各自的特殊应用。雷电测试使用 $1.2/50\,\mu s$ 组合波发生器的电路原理如图 7 - 22 所示。选择电路中 R_{s1}、R_{s2}、R_m、L_r 和 C_c 的参数,可以使发生器产生 $1.2/50\,\mu s$ 电压浪涌(开路)和 $8/20\,\mu s$ 电流浪涌(短路)。

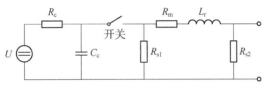

图 7 - 22　雷电组合波发生器电路图

雷电电压冲击和电流冲击试验原理分别如图 7 - 23、图 7 - 24 所示。用棒形电极模拟雷电发生云层,以雷电进入设备方位对被测设备进行放电,或以电击棒之间的放电模拟感应雷,调整相应的距离测试被测物对感应雷感应电磁干扰的防护能力。所施加的测试波形一般为 A 波形,点击间距可根据情况进行调整,放电次数不少于 10 次,对于绝缘被测物放电次数一般为 3 次左右。对于不同雷电附着区,分别应用不同的电流分量及其组合。

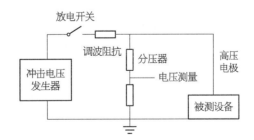

图 7 - 23　雷电电压冲击实验电路

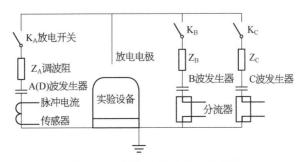

图 7 - 24　雷电电流冲击实验电路

思考题

1. 数字电路的噪声通常在什么时刻出现在什么地方?
2. 地线网格应该如何设计?
3. 简述如何对群集系统进行接地。
4. 不良搭接会造成什么危害?
5. 系统的雷电防护措施主要有哪些?

第 8 章

高压脉冲电源中的电磁兼容设计

∧

本章内容

本章以经典的半桥型全固态方波 Marx 发生器为例，详细阐述了其系统结构和工作原理，然后从供电与接地、控制系统、驱动电路和功率回路四个方面对电磁兼容设计进行了详细阐述，最后对固态高压脉冲电源中电磁干扰的产生机理以及电磁兼容设计原则做了总结。

本章特点

本章重点介绍了半桥型全固态方波 Marx 发生器中的电磁兼容设计，包括从控制、驱动和主电路设计方面提高固态脉冲电源的抗干扰能力。由于脉冲电源对高压绝缘、电磁兼容和同步触发等要求非常苛刻，因此，该系统中的电磁兼容技术对其他电路具有很好的借鉴意义。

8.1 半桥结构的固态 Marx 发生器

采用直流电源对多个电容进行并联充电,再利用开关的导通将这些电容串联起来,对负载进行放电,利用容性电压叠加产生高电压脉冲,简而言之,对多个电容"并联充电、串联放电",是 Marx 发生器的核心思想。随着半导体技术的不断发展与成熟,采用全控型的半导体开关管替代半控型且寿命短的高功率气体开关,使得整个脉冲电源中的所有元器件的绝缘介质都是以固态介质为主、空气绝缘为辅,这就是"全固态"脉冲电源的由来。全固态 Marx 发生器性能卓越,几乎所有脉冲参数(包括脉冲极性、电压幅值、脉宽、频率和前后沿等)均能可控调节,是全固态脉冲电源中最重要的一类。本节以最经典的半桥结构的全固态 Marx 发生器为对象,详细介绍其工作原理和结构,以及其中的电磁兼容设计细节。

8.1.1 工作原理

本节主要介绍半桥型固态 Marx 发生器主电路的工作原理,以及其对驱动和控制的要求。

图 8-1 所示为正极性和负极性的半桥型固态 Marx 发生器的主电路原理图。以图 8-1a 所示正极性 Marx 发生器为例,它包含一个直流电压源、负载和 n 个单元;其中的虚线框就是一个单元,也称为一级,第 i 个单元中包含二极管 D_i、电容 C_i 和与电容直接并联且构成半桥的两个开关管,其中控制充电过程的开关管 S_{ci} 简称充电管,控制放电过程的开关管 S_{di} 简称放电管。其工作过程可分为两个阶段,即充电阶段和放电阶段。

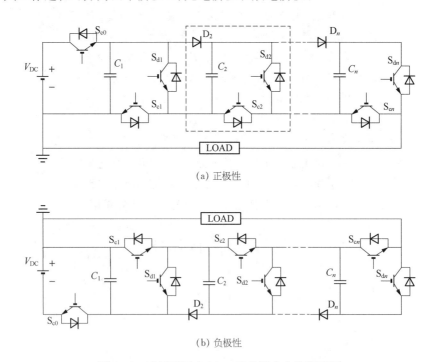

(a) 正极性

(b) 负极性

图 8-1 半桥型固态 Marx 发生器主电路原理图

在充电阶段中,如图 8-2a 所示,所有的充电管 S_{ci} 同步触发导通,所有放电管 S_{di} 均处于关断状态,直流电压源经过二极管和充电管给每级电容并联充电,由于二极管和充电管的管压降通常低于 1 V,可以忽略,因此充电结束后,每级电容上的电压等于电源电压 V_{DC}。但是级数较多的情况下,二极管和充电管的管压降不能忽略,离电压源越远的单元中电容的最终充电电压越低。在主电容量较大的情况下,上电瞬间的浪涌电流会很大,需要在充电回路中适当插入热敏电阻、限流电感或电阻。在充电过程中,如果负载的分布电容或容性负载上有残余电荷,也可以通过串联的充电管 S_{ci} 快速泄放,从而加快脉冲后沿,获得具有快速前后沿的方波脉冲,这个过程称为截尾或尾切过程。

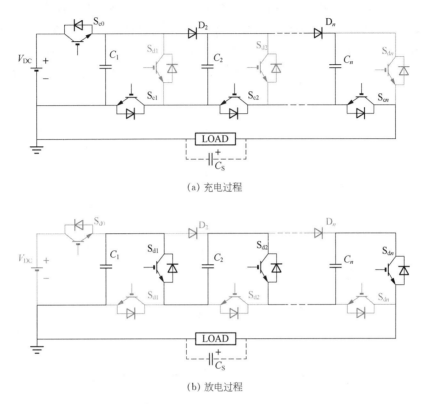

(a) 充电过程

(b) 放电过程

图 8 - 2　正极性半桥型 Marx 发生器的充电和放电过程

在放电阶段中,如图 8-2b 所示,所有放电管 S_{dn} 同步触发导通,所有充电管 S_{cn} 处于关断状态,二极管 D_n 也因为承受负电压而关断,因此,所有单元的电容 C_n 经过放电管串联起来对负载放电,从而在负载上形成 nV_{DC} 的高压脉冲。若有某个放电管导通失败,则下一级的二极管仍然处于导通状态,放电电流流经该二极管,负载上仍然有高压脉冲输出,只是电压幅值会降为 $(n-1)V_{DC}$。由于 S_{c0} 在放电阶段处于关断状态,其作用是为了避免放电脉冲电流流经直流电压源,对其造成冲击而损坏电压源。

从上述工作原理可以看出,固态 Marx 发生器对驱动的要求主要有两点,即同步性好和隔离电压高。因为不同单元的多个开关管需要同时导通和同时关断,这就要求驱动信号具有较好的同步性。目前,最常用的方法就是光纤隔离和磁隔离两种办法来提供同步信号。光耦芯片由于绝缘电压偏低,在高压脉冲电源中很少采用。此外,由于在放电过程中,不同单元的开关管工作电位不同,如图 8-3 所示,离直流充电源最远的单元中的 MOSFET 开关管 Q_n 的电位最高,而电压驱动型器件的驱动电路的供电电源的低电平 GND_n 直接与 Q_n 的源极 S_n 短接,也就是说,离直流充电源最远的单元中的驱动电路供电电源的低电平 GND 处于高电位,且图中 GND_n 和 GND_1 显然不是等单位,即不同单元的低电平 GND 工作在不同电位。因此,每个单元的驱动电路都要有彼此独立且不共地的电源模块进行供电,且要求电源模块输入和输出的绝缘电压不低于脉冲电源的输出最高电压,因为驱动芯片的供电电源需要低压直流或工频市电供电,输入电压很低,所以驱动供电电源模块的耐压水平限制了固态脉冲电源的最高输出电压,这是脉冲电源中的重要技术难题。通常的 AC/DC 或 DC/DC 电源模块的耐压只有几千伏,难以承受高压脉冲的冲击,所以得采用耐压更高的方式对驱动电路进行隔离供电。在固态 Marx 发生器中,通常采用辅助电源结合二极管链或用高频脉冲变压器结合不控整流桥的方案来提供所需的直流驱动电压。还有一种成本低又巧妙的方案,是将信号和功率同时由脉冲变压器的原边提供,既能保证较好的同步性,避免副边的驱动供电麻烦,结合栅极电荷自维持的特性还可以不受磁芯饱和限制,提供纳秒到毫秒级的宽脉冲信号,具体会在 8.1.2 节中详细介绍。

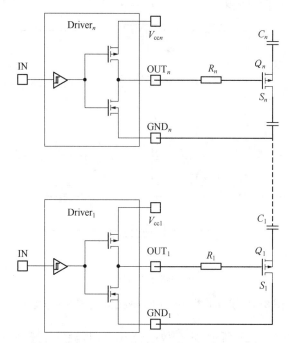

图 8-3 多级驱动电路和开关管的连接原理图

8.1.2 系统结构

图 8-4 所示是整个固态 Marx 发生器的结构框图,主要包含 Marx 电路、驱动电路、控制系统和直流充电源及负载。

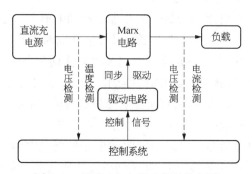

图 8-4 固态 Marx 发生器结构框图

控制系统产生具有特定时序和脉宽的控制信号,连接到驱动电路进行功率放大,再经过多个脉冲变压器产生多路同步隔离驱动信号,直接驱动 Marx 电路中的多个半导体开关,控制它们同步开通或关断,使得固态 Marx 发生器能够顺利实现多个电容的并联充电、负载截尾和串联放电过程。显然,Marx 电路结构决定了输出脉冲的正负极性,充电电压和 Marx 的级数决定了输出脉冲电压的幅值,控制信号的脉宽、时序和频率决定了输出脉冲的脉宽和频率。

直流充电源通常是市电供电的 AC/DC 变换器结合高频逆变和高频整流电路,将 220 V 工频交流电转换成几百伏到几千伏的低纹波直流电压,再经过充电回路对 Marx 发生器中的每级主电容并联充电。

控制系统通常采用 FPGA 作为处理器,因为其抗干扰能力比单片机要强很多,而脉冲电源内部的电磁干扰非常严重,尤其是控制板和功率回路装在同一个机箱内部的情况下,控制系统很容易受干扰。控制系统的主要功能包括产生主电路中充电管和放电管的控制信号和同步输出信号,接受外触发信号和各种过流或过温等检测信号并进行控制和调节,还有控制参数的输入设置和输出显示等。

为了避免驱动电路中的高压隔离供电的问题,采用磁隔离驱动电路可以将信号和功率混合在一起由同一个驱动电路提供,再经过多个小的脉冲变压器进行升压和隔离,配合副边的特殊的控制电路,对多个开关管进行同步触发,具体电路如图 8-5 所示。每个开关管的驱动控制模块都包含一个脉冲变压器和两个 MOSFET,而多个脉冲变压器的原边串联起来,接到一个能产生正负极性脉冲的电路,开关管的开通和关断过程就由正负脉冲来控制,驱动功率也是由它们提供。以主电路中 Q_1 的栅极控制电路为例,S_{1-1} 和 S_{1-2} 为集成芯片型 MOSFET,D_{1-1} 和 D_{1-2} 为对应的体二极管,电容 C_{Q1} 为 Q_1 的栅极等效电容。当脉冲变压器 T_1 输出正极性开通信号时,如图 8-5 中的点画线箭头所示,该信号经过 D_{1-1} 接到 S_{1-2} 的栅极和源极,使得 S_{1-2} 开通,随后开通信号又经过 D_{1-1} 和 S_{1-2} 给 C_{Q1} 正向充电,使得 Q_1 开通;而当正向开通信号结束后,S_{1-2} 由于栅极和源极的正偏电压消失而关断,S_{1-1} 也处于关断状态,此时 Q_1 栅极电容 C_{Q1} 没有放电回路,因此正电压使其维持在导通状态,如图 8-6 中栅极电压正向平顶期间所示。图 8-6 给出了控制信号和门极驱动电压的波形示意图,图中细实线为周期性开通信号,点画线为周期性关断信号,最粗的线是开关管的门极电压波形。直到 T_1 输出负的关断信号时,如图 8-5 中虚线箭头回路所示,该负信号经过 D_{1-2} 加到 S_{1-1} 的栅极和源极使其导通,然后

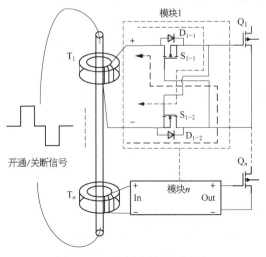

图 8-5 磁隔离同步驱动电路

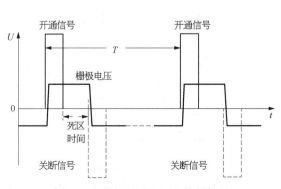

图 8-6 栅极驱动电压和控制信号

关断信号经过 D_{1-2} 和 S_{1-1} 对 Q_1 栅极进行反向放电,使 C_{Q1} 电压变为负电压,开关管 Q_1 关断。直到负向驱动信号消失时,S_{1-1} 自动关断,Q_1 栅极电容 C_{Q1} 再次因为没有放电回路,因此维持在负压关断状态,如图 8-6 中负极性平顶期间所示。由此可见,该驱动电路中开关管的实际导通脉宽等于开通信号和关断信号的时间差,这个脉宽可以远大于开通信号的脉宽,因此不受脉冲变压器的磁饱和限制,而且关断期间的栅极负压可以使开关管处于可靠关断状态,提高电路的抗干扰能力。再加上不需要多路高压隔离的供电电源,该驱动方案不仅成本低、结构简单,有利于进一步缩小电源尺寸,而且抗干扰能力强、可靠性高。

该驱动方案需要在多个脉冲变压器的原边提供带有驱动功率的正负脉冲来同步驱动多个开关管,且脉冲电压幅值由所需要驱动的开关数量以及脉冲变压器的匝数比决定,这样的正负脉冲信号可以通过半桥或全桥电路来实现。采用该驱动方案的半桥型固态 Marx 发生器的系统原理图如图 8-7 所示,每个虚线方框内包含一个功率模块。底部的 FPGA 控制系统产生所

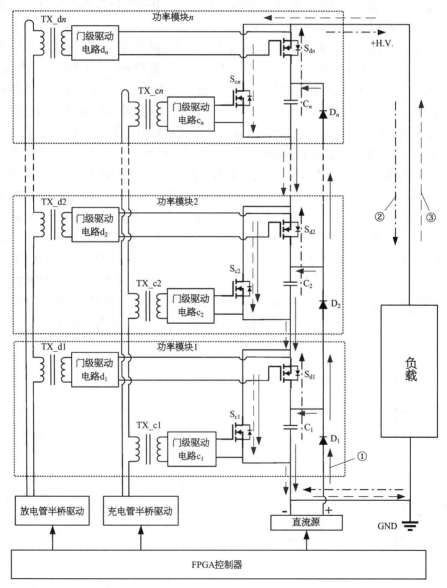

图 8-7 半桥型固态 Marx 发生器的系统原理图

需的控制信号,输入到两个半桥电路,再经过多个脉冲变压器及其副边的门极驱动电路,分别驱动多个充电管 S_{cn} 和多个放电管 S_{dn},从而实现多个电容的并联充电(图中细实线箭头所示回路,①)、截尾过程(图中虚线箭头所示回路,③)以及串联放电过程(点画线箭头所示回路,②)。

8.2　固态脉冲电源中的电磁兼容设计

在详细了解半桥型固态 Marx 发生器的工作原理和结构之后,接下来主要分析脉冲电源中存在的电磁干扰及其应对措施。

相对传导干扰经由电缆和信号回路等传播而言,辐射干扰更复杂,可由电源线、信号线、印制电路板、机箱等产生,其传播途径更难确定。虽然辐射发射可以通过整机屏蔽来加以抑制,但是这样做的成本很高,而且难以实施,尤其是这些辐射发射出来的干扰在屏蔽体内部也会对电路的不同模块相互影响。例如在全固态高压脉冲电压中,产生脉冲高压的功率回路所产生的辐射干扰,会对脉冲电源的控制电路和驱动电路等低压电路形成强烈的电磁干扰,形成误触发、直通、输出电压不稳定甚至是放电失败等现象,严重的时候局部的直通或短路会引起半导体开关过流击穿,导致脉冲电源无法稳定、可靠地正常工作。因此,电磁干扰问题是高压脉冲电源中最棘手的问题。

除了交流供电电源中携带的高次谐波噪声和负载放电击穿过程中的电场畸变形成的电磁噪声外,脉冲电源自身也会产生很多电磁噪声,主要包括功率开关管快速开通和关断时产生的高频噪声、脉冲放电电流所产生的脉冲电磁噪声、放电过程中高电位点对低电位侧的信号线产生的共模电流、公共地线带来的耦合噪声、级间的和不同电位点对地的分布电容引起的噪声耦合、元器件引脚或引线的尖端处的电晕放电产生的噪声和电路板布线无意形成的天线释放出来的辐射干扰等。

针对固态高压脉冲电源中的多种电磁干扰,需要同时采用接地、滤波和屏蔽等多种手段。下面将分供电与接地、控制系统、驱动电路和功率回路四个部分来分别介绍固态高压脉冲电源中的电磁兼容技术。

8.2.1　供电和接地设计

高压脉冲电源的所有电功率全部由供电电源提供,通常供电电源会直接接入到脉冲电源中,而交流电中通常会携带一定的谐波噪声,再考虑到雷击和上电瞬间可能存在的浪涌电流,因此,有必要对供电电源进行滤波。通常在交流电源进入到电源后立刻就近接到线性阻抗稳定网络(LISN),可以直接采用现成的 LISN 产品,对交流电源进行无源滤波。对于功率较大(电流大于 100 A)且没有现成的 LISN 产品的场合,可以自制简易的 LISN,具体做法是将两根输入电源线分开至少 1.5 m 以上的长度,这段长度电缆至少有 1.3 m 用带粘合剂的铜带紧压在接地板上,这样可以获得约 200 pF 的共模旁路电容;且导线至少有 3 匝穿过一个大铁氧体磁环,以此能获得 $2\,\mu F$/匝的电感。这样制成的简易 LISN,可使频率在 $1\sim5\,MHz$ 以上的大部分噪声电流流入大地。

机箱内部的交流电源线和直流电源线应当以双绞线的形式尽量短地连接到风扇、控制系统等各个模块,以减小电流环路辐射出来的电磁干扰,必要时还可以采用带接地屏蔽层的双绞线来替代普通导线。

接地是高压脉冲电源中必须重点注意的,因为其工作过程中会产生瞬态高压,因此必须将脉冲电源的机箱直接且保证可靠地接到安全地电位,以确保操作人员的人身安全。此外,输出高压的低电位导线也需要在机箱内部与安全地线短接,以确保负载和测量设备的安全。需要注意的是,输出导线虽然接地了,但是在该地线上会有脉冲电流流过,会产生明显的电位抬升,因此,需要合理设计接地点,避免输出脉冲电流回路引起的公共地线串扰。此外,由于设计良好的信号接地有利于控制电路和驱动电路更加稳定可靠地工作,亦需要对数字电路地和模拟电路地加以合理设计,将数字地、模拟地(包含控制电路和驱动电路的地)和功率地以单点接地的方式进行接地,且为了避免公共地线串扰,应当尽量将地线加粗以减小地线阻抗,还在将数字地和模拟地各自经过电感后再接到安全地电位,具体如图 8-8 所示。此外,还有屏蔽层的"地"也需要直接接到安全地电位。

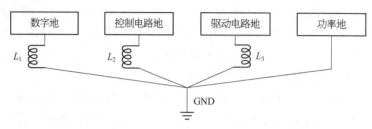

图 8-8 脉冲电源不同电路模块接地方法

8.2.2 控制系统的电磁兼容设计

控制系统中的电磁兼容设计,除了将数字地和模拟地单点接地的方式接地处理外,还需要考虑同步输出信号和外部输入信号的低电位可能引入的电磁干扰,因此需要采用适当的隔离、滤波甚至是屏蔽加以控制。此外,在设计控制电路板时,也需要合理布局,尽可能减小信号回路的长度和面积,避免引入干扰和向外发射电磁噪声;并且,尽可能远离高压输出端口,避免被高压脉冲干扰引起误动作。

控制系统中的隔离主要包含供电电源的隔离、输入输出信号的隔离、采样电压和采样电流的隔离。供电隔离主要是采用直流电源模块将输入交流和输出直流之间进行隔离,可以直接采用成熟的 AC/DC 电源模块,里面还自带滤波和浪涌抑制功能等。固态高压脉冲电源经常需要输出同步信号,用来触发诸如 ICCD 高速相机等外部设备,使它们可以和脉冲电源同步工作,进行高速拍摄或联动。有些场合是反过来,由其他设备提供外出发信号,使高压脉冲电源和它同步工作。无论是输出同步信号,还是输入外触发信号,这些信号的通用做法是经过机箱面板的 BNC 接头进行连接,这样就会使得这些同步信号的地电位直接与机箱金属面板短接,被动接到安全地电位,而脉冲电源内的地电位不适合直接和控制地短接,其外部输入输出信号都需要经过隔离后,才能与控制系统连接。简单可行的办法是通过 DC/DC 提供隔离的直流供电,配合光电耦合芯片来实现这些信号与控制系统的隔离和功率放大。有些控制信号在必要时也可以经过隔离后再输出,可以进一步提高控制系统的抗干扰能力。电压和电流采样信号通常需要反馈输入到控制系统,进行计算和分析,并加以控制、调节和显示。电压采样信号经过滤波后可以通过自带隔离的模拟数字信号转换芯片,将其变换成数字处理器能识别的数字信号,电流采样信号亦然。对于过流保护的电流采样信号,通常本身已经是经过电流互感器隔离过的,加以高频滤波后就可以和比较器进行比较,得到是否有过流的信号,再经过触发器输入到数字处理器,进行判定是否需要发出过流保护动作的信号。

滤波在控制系统中经常用到,尤其是供电电压、正常输出信号、外部输入的外触发信号、电压电流检测信号和过流过温等保护信号等,都有必要加入适当的滤波电路,将噪声过滤掉。在

一些门电路附近,通常需要就近放置电解电容进行供电,避免连接到 VCC 的线路过长,引起公共地线干扰和输出信号的振荡。

屏蔽是控制系统采取必要的接地、滤波和隔离等措施之后,仍然被干扰得很严重、且无法稳定可靠的工作时,才会采取的电磁兼容手段。而由于其需要提供完整的、可靠接地的金属屏蔽壳,导致接线更复杂,还会大大增加控制系统的体积和成本,所以是不得已而为之的最后手段。有一种相对简易的屏蔽手段,就是采用很薄的带自粘胶的铜箔,将控制系统包裹起来再进行接地,形成简易的屏蔽体,也能起到较好的屏蔽效果。

为了改善电磁兼容性能,控制系统中的布线应尽量减小信号线的长度和信号回路包围的面积,尤其是设置大面积的地电位敷铜,以达到地环路阻抗最小的效果,必要时可以设置地线网格,将接地线构成若干小环路,缩小地线上的电位差,提高电子设备的抗噪声能力且确保控制系统远离高压输出端。

8.2.3　驱动电路的电磁兼容设计

本节以 8.1.2 节中的驱动电路方案为例,介绍其中的电磁兼容设计。如 8.1.2 节所述,该驱动方案需要通过半桥或全桥电路来提供带有驱动功率的正负脉冲信号来同步驱动多个开关管的开通和关断,以及放电过程中工作在不同电位的多个脉冲变压器。

原边的半桥驱动电路中采用的电磁兼容措施主要包括经电感串联接地以及输入控制信号的滤波与隔离,布线时尽可能减小驱动回路和信号回路的长度与包围面积,并且驱动芯片要就近提供储能电容,必要时信号线上加抑制共模干扰的磁环。

驱动电路中干扰最强的是工作在高电位的脉冲变压器的原副边绕组之间,因为存在高达数十千伏的电位差,因此原边绕组上感应出来的高电压对地很容易产生共模电流,并且原副边绕组之间也形成局部电晕放电甚至是流注放电,对驱动信号产生干扰。因此,原边导线不仅需要具有足够的绝缘耐压,还需加上一端接地的屏蔽层以对电晕放电形成的干扰进行屏蔽,并且必须加上足够大的共模干扰抑制磁环。脉冲变压器副边的驱动电路需要尽可能减小回路的长度与包围面积,并且加入瞬态电压抑制器(TVS)和稳压管等抑制门极和输入端偶发的过压尖峰。

8.2.4　功率回路的电磁兼容设计

功率回路中存在的主要电磁干扰主要表现为开关管误动作形成的直通、充电初始时刻的浪涌电流、瞬态电压抑制、局部电晕放电和辐射干扰过强等。

开关管误动作主要是其驱动信号受干扰所导致,因此需要尽可能提供驱动电路的电磁兼容性能,并且加入快速过流保护或限流方案,以尽可能降低误导通导致的开关管过流击穿。

充电回路中的浪涌电流可以通过在回路中串联热敏电阻、电感来改善,也可以通过选用恒流与恒压模式智能切换的直流充电电源来避免。

放电管在关断过程中可能造成的关断过电压,需要加以防范,通常是保留开关管的电压裕度来降低风险,还可以采用并联 TVS 或压敏电阻来主动抑制瞬态过压。当单个 TVS 的功率不够时,可以采用多个 TVS 并联的方案来提高其功率容量,但是由于 TVS 个体性能的差异,建议串联电阻后再并联效果会更好,如图 2-33 所示;当单个 TVS 的耐压不够时,也可以采用多个串联的方案提高其保护电压,也需要并联大电阻后再串联,保护效果更好。

高压输出端的高压电位处需要留出足够的绝缘耐压空间,可采用高压绝缘套管引出高压输出端。此外,局部电晕放电在高压脉冲电源的放电过程中较为常见,经常会因此引起超过规定的辐射干扰,相应的抑制措施是尽可能减少电路中的金属尖端,尤其是直插元器件引脚剪断后形成的高电位尖端,可以用锉刀将其打磨得光滑一些,并且适当增加焊锡将尖端包裹,进一步增大曲率半径。还可以在电晕放电严重的部位喷涂绝缘漆来加以改善。必要时,还可以在高电位处设计均压环来改善电压的分布情况,避免局部电晕放电引起的电磁干扰和绝缘击穿。

高压脉冲电源的主回路在放电过程中的脉冲电压和脉冲电流,很容易产生辐射电磁波形成干扰。在设计过程中,应尽可能减小放电电流所包围的回路和长度,减小各级之间和各级对地的分布电容,以及适当加大 du/dt 和 di/dt,从而降低噪声范围、幅值和频率。通过识别出设计中无意形成的天线,结合电磁辐射原理对线路和布局结构加以优化,消除功率回路形成的天线结构,并结合滤波和屏蔽等措施,给干扰电流提供有效通路,对其有效抑制。

8.3 固态脉冲电源中的电磁干扰及应对策略

在固态高压脉冲电源中,为了获得具有快速前后沿的高压脉冲,会尽可能减小功率回路的面积和长度,从而使电源结构更紧凑、重量更轻。因此,在结构紧凑的固态脉冲电源中,元器件之间的间距会比较小,加上接地的金属屏蔽机箱内壁对电磁噪声的多次反射,电源内部不同模块之间的电磁干扰会非常严重,尤其是功率回路对邻近的驱动电路和控制系统的干扰,尤为强烈,因此,设计良好的固态脉冲电源,更需要高度可靠的电磁兼容设计。下面将分为传导干扰和辐射干扰两个方向来介绍。

传导干扰都是经过导线、电缆等进行传递。这一类干扰主要出现在每个模块内部的地线和电源线以及模块之间连接线上。这些现象出现时,可以通过测量信号线上的电压和地线电流,就可以判断是否存在这种干扰,并检查每个模块之间的接地方法是否合理。由于脉冲电源的电磁干扰很强,结构又紧凑,所以不适合采取悬浮接地的方式,可以将不同模块的地串联电感后再并联接地,如图 8-8 所示。串联电感可以提供可靠的低频接地,同时还能抑制地线上的高频干扰。在确定干扰出现的准确位置后,可以通过优化地线布局、在信号输入端加滤波电路、增加电源线的宽度和集成电路的旁路电容等措施,改善模块内部的传导干扰。当模块之间出现相互干扰时,可以通过在模块间连接线上增加共模和差模干扰抑制器,并且结合滤波和隔离的方式,来抑制模块之间的传导干扰。尤其要注意的是,当两个模块之间的工作电位相差很大时,其连接线上不可避免地会存在较高的共模电流干扰。本章所介绍的半桥型固态方波 Marx 发生器的半桥驱动电路和功率回路之间,存在多个驱动磁环的串联原边导线,半桥驱动电路的工作电压不过几百伏,而功率回路中的开关管所在电位可能高达数十千伏,因此该导线不仅需要承受很高的电压差,还得将共模干扰电流抑制得足够低才行。同理,工作电压仅有 5 V 的控制板和半桥电路之间,也存在高达上百伏的电位差,亦需要采取适当的共模干扰抑制器或是光电隔离的方式,抑制或消除信号线上的共模干扰。此外,为了尽量减少工频干扰,应当在交流电源接入机箱内部后,立刻就近接入电源阻抗稳定网络,将电源线上的谐波等噪声抑制在较低水平。

辐射干扰通常是高压脉冲电源中不可避免的主要干扰,是由放电回路高压脉冲的快速 du/dt 和 di/dt 以及窄脉冲对应的高频谐波引起,还有工作在高电位元器件的引脚和散热器所形成的尖端放电。除了人为减少引脚的尖端和在允许范围内降低信号和脉冲的前后沿之外,这些干扰几乎无法避免,其应对措施也比较被动。

针对辐射干扰问题,解决思路是先根据电磁辐射的频率确定主要干扰源,再对电路的布线和布局进行优化,尽可能消除无意形成的有效的天线结构,通过适当的滤波措施,给干扰电流提供一个有效通路,必要时采取局部屏蔽,可避免或减少形成对外辐射,或者对敏感元器件和模块进行屏蔽,保证其可靠、稳定的工作。具体而言,当辐射频率在 100 MHz 以下时,产生辐射发射的天线主要是设备的信号线、电源线等电缆及机箱,频率在 100 MHz 以上的辐射干扰,往往是散热器、电源平面及较高或凸出的元器件、尖锐的元器件引脚等。确定辐射干扰的频率后,可以进一步和系统的时钟、CPU 等信号频率,以及高压脉冲的上升沿和下降沿对应的频率(约为边沿 4 倍的倒数)进行对比,大致确定主要干扰源。在确定干扰源和发射天线后,需要进一步分析判断它们之间的具体耦合通路,这需要对功率回路、信号回路以及周围的电路和布线有详细的了解,通过识别出设计中无意形成的天线,结合电磁辐射原理对线路和布局结构加以优化,并结合滤波和屏蔽等措施,给干扰电流提供有效通路,对其进行有效抑制。要重点关注脉冲电源内部的敏感线路和器件并对其加以保护,通过加大敏感线路、器件和放电回路的距离,采取适当的滤波、接地措施,必要时可以将其用完整的接地金属导体屏蔽起来,例如将功率回路与控制驱动电路用经过良好接地的金属挡板隔离,或安装在不同的金属腔内。

由于工作电平越低的电路部分,抗干扰能力越弱,也就对电磁噪声越敏感,因此,在设计整个电路中,需要优先保证信号回路具有良好的电磁兼容性能,其次是驱动回路,最后是功率回路。具体而言,在保证绝缘性能良好的前提下,控制信号回路(通常是 3.3~5 V)、驱动回路(10~20 V)和功率回路(数千伏)这三种回路的布线都应当尽可能短和紧凑,但是三者的优先级并不相同,信号回路布线的电磁兼容优先级要高于驱动回路,而驱动回路布线的电磁兼容要高于功率回路。这条原则在电路设计中尤为关键,它在很大程度上决定了线路的布局、不同模块的布局和模块内部线路的布局,是决定系统电磁兼容性能的关键。

总而言之,为了提高固态高压脉冲电源的电磁兼容性能,需要注意以下原则:

(1)合理布局。弱电电路和强电电路之间尽量保持合适的距离,且在空间上弱电电路尽可能放置在噪声最弱的区域。控制系统作为固态脉冲电源的大脑,尤其需要具备良好的电磁兼容性能,需要放置在合适的位置,必要时采取电磁屏蔽措施提高其稳定性。

(2)可靠接地。给脉冲电源提供可靠接地,是保证良好电磁兼容性能和使用安全的必要条件。减小地线的公共阻抗串扰、抑制地线环流和选择适当的接地点都是需要重点设计的。

(3)精准滤波。在不同模块和不同线路上,电磁噪声的频率也会大相径庭。因此,根据噪声的频率特征,选取适当的低通、高通、带通或带阻滤波电路进行精准滤波,也是提高固态高压脉冲电源电磁兼容性能的关键手段。

除了以上通用的原则之外,通过提高工作电平降低敏感电路的敏感度、通过调节开关速度或回路的 LC 等来降低功率回路(干扰源)的 du/dt 和 di/dt,以及优化控制策略也可以进一步改善固态高压脉冲电源的电磁兼容性能。

思考题

1. 简述半桥型固态 Marx 发生器被干扰时容易出现的故障。
2. 固态 Marx 发生器的电压钳位效应是指什么?
3. 固态高压脉冲电源中哪些地方容易出现较大的共模电流?
4. 固态高压脉冲电源系统中各个模块应当如何接地?

附录

电磁兼容技术常用术语

电磁干扰（electromagnetic interference，EMI）
电磁骚扰导致电子设备相互影响，并引起不良后果的一种电磁现象。

辐射干扰（radiate emission，RE）
通过空间传播的、有用的或不希望有的电磁能量。

传导干扰（conducted emission，CE）
沿电源或信号线传输的电磁发射。

电磁敏感性（electromagnetic susceptibility，EMS）
设备暴露在电磁环境下所呈现的不希望有的响应程度。即设备对周围电磁环境敏感度的度量。

辐射敏感度（radiated susceptibility，RS）
对造成设备性能降级的辐射骚扰场的度量。

传导敏感度（conducted susceptibility，CS）
当引起设备性能降级时，对从传导方式引入的骚扰信号电流或电压的度量。

电磁环境（electromagnetic environment，EME）
指存在于给定场所的所有电磁现象的总和。

电磁噪声（electromagnetic noise，EN）
指不带任何信息，即与任何信号都无关的一种电磁现象。它可能与有用信号叠加或组合。在射频段内的噪声，称为无线电噪声；由机器或其他人为装置产生的电磁现象，称为人为噪声；来源于自然现象的噪声，称为自然噪声。

电磁兼容[性]（electromagnetic compatibility，EMC）
设备或系统在其电磁环境中能正常工作且不对该环境中任何事物构成不能承受的电磁骚扰的能力。

无线电(频率)噪声[radio(frequency) noise]
具有无线电频率分量的电磁噪声。

无线电(频率)骚扰[radio(frequency) disturbance]
具有无线电频率分量的电磁骚扰。

无线电频率干扰（radio frequency interference，RFI）
由无线电骚扰引起的有用信号接收性能的下降。

系统间干扰（inter-system interference）
由其他系统产生的电磁骚扰对一个系统造成的电磁干扰。

系统内干扰（intra-system interference）
系统中出现的由本系统内部电磁骚扰引起的电磁干扰。

(性能)降低［degradation(of performance)］
装置、设备或系统的工作性能与正常性能的非期望偏离。

(对骚扰的)抗扰性［immunity(to a disturbance)］
装置、设备或系统面临电磁骚扰不降低运行性能的能力。

静电放电（electrostatic discharge，ESD）
具有不同静电电位的物体相互靠近或直接接触引起的电荷转移。

(时变量的)电平［level(of time varying quantity)］
用规定方式在规定时间间隔内求得的诸如功率或场参数等时变量的平均值或加权值。

骚扰限值（limit of disturbance）
对应于规定测量方法的最大电磁骚扰允许电平。

干扰限值（limit of interference）
电磁骚扰使装置、设备或系统最大允许的性能降低。

(电磁)兼容电平［(electromagnetic)compatibility level］
预期加在工作于指定条件的装置、设备或系统上规定的最大电磁骚扰电平。

(骚扰源的)发射电平［emission level(of a disturbance source)］
用规定的方法测得的由特定装置、设备或系统发射的某给定电磁骚扰电平。

(来自骚扰源的)发射限值［emission limit(from a disturb source)］
规定电磁骚扰源的最大发射电平。

抗扰度电平（immunity level）
将某给定的电磁骚扰施加于某一装置、设备或系统而其仍能正常工作并保持所需性能等级时的最大骚扰电平。

抗扰度限值（immunity limit）
规定的最小抗扰度电平。

抗扰度裕量（immunity margin）
装置、设备或系统的抗扰度限值与电磁兼容电平之间的差值。

(电磁)兼容裕量［(electromagnetic)compatibility margin］
装置、设备或系统的抗扰度限值与骚扰源的发射限值之间的差值。

脉冲噪声(impulsive noise)
在特定设备上出现的、表现为一连串清晰脉冲或瞬态的噪声。

脉冲骚扰(impulsive disturbance)
在某一特定装置或设备上出现的、表现为一连串清晰脉冲或瞬态的电磁骚扰。

电源骚扰(mains-borne disturbance)
经由供电电源线传输到装置上的电磁骚扰。

电源抗扰度(mains immunity)
对电源骚扰的抗扰度。

电源去耦系数(mains decoupling factor)
施加在电源某一规定位置上的电压与施加在装置规定输入端且对装置产生同样骚扰效应的电压之比。

机壳辐射(cabinet radiation)
由设备外壳产生的辐射,不包括所接天线或电缆产生的辐射。

电磁屏蔽(electromagnetic screen)
用导电材料减少交变电磁场向指定区域穿透的屏蔽。

参考阻抗(reference impedance)
用来计算或测量设备所产生的电磁骚扰的、具有规定量值的阻抗。

带宽(bandwidth)
一个接收机响应信号上升 3 dB 点和下降 3 dB 点之间的频率间隔。

宽带发射(broadband emission)
带宽大于某一特定测量设备或接收机带宽的发射。

窄带发射(narrowband emission)
带宽小于特定测量设备或接收机带宽的发射。

串扰(串音)(crosstalk)
被干扰电缆上从邻近干扰源电缆耦合的电压与该邻近电缆上的电压之比。单位为分贝(dB)。

共模(common mode,CM)
存在于两根或多根导线中,流经所有导线的电流都是同极性的。

差模(differential mode,DM)
在导线上极性相反的电压或电流。

耦合路径(coupling path)
传导或辐射路径。部分或全部电磁能量从规定源传输到另一电路或装置所经由的路径。

信噪比(signal-to-noise ratio)
规定条件下测得的有用信号电平与电磁噪声电平之间的比值。

参 考 文 献

［1］熊蕊,等.电磁兼容原理及应用[M].北京:机械工业出版社,2012.

［2］何金良.电磁兼容概论[M].北京:科学出版社,2010.

［3］梁振光.电磁兼容原理、技术及应用[M].北京:机械工业出版社,2007.

［4］Henry W. Ott.电磁兼容工程[M].邹澎,译.北京:清华大学出版社,2013.

［5］白同云,吕晓德.电磁兼容设计[M].北京:北京邮电大学出版社,2001.

［6］Rao J, Zeng T, Jiang S, et al. Synchronous drive circuit with current limitation for solid-state pulsed power modulators [J]. IET Power Electronics, 2020,13(1):60 - 67.

［7］饶俊峰,李成建,李孜,等.全固态高重频高压脉冲电源[J].强激光与粒子束,2019,31(3):035001(5).

［8］陈坚.电力电子学:电力电子变换和控制技术[M].3 版.北京:高等教育出版社,2011.

［9］Qiu J, Liu K, Li L. Stray parameters in a novel solid-state pulsed power modulator [J]. IEEE Transactions on Dielectrics and Electrical Insulation，2013,20(4):1020 - 1025.

［10］Canacsinh H, Silva J F, Redondo L M. Rise-time improvement in bipolar pulse solid-state marx modulators [J]. IEEE Transactions on Plasma Science, 2017,45(10): 2656 - 2660.